Arbeitszeugnisse formulieren und entschlüsseln

Christian Püttjer und **Uwe Schnierda** kennen die Wünsche und Hoffnungen, aber auch Sorgen und Nöte von Bewerberinnen und Bewerbern seit über 25 Jahren. Ihre umfassenden Erfahrungen aus der Optimierung von Bewerbungsunterlagen, aus Einzelcoachings und aus Seminaren bringen sie in ihre praxisnahen Ratgeber ein, die exklusiv im Campus Verlag erscheinen. Die konkreten Tipps, die klare Sprache und die motivierende Unterstützung von Püttjer & Schnierda haben schon über einer Million Leserinnen und Lesern weitergeholfen.

Weitere Informationen und Materialien zum Download finden Sie auf www.karriereakademie.de

Christian Püttjer & Uwe Schnierda

Arbeitszeugnisse formulieren und entschlüsseln

Mit 60 Beispielzeugnissen,
über 1200 Formulierungshilfen
und Extratipps für Zwischenzeugnisse

Campus Verlag
Frankfurt/New York

MIX
Papier aus verantwortungsvollen Quellen
FSC® C089473
FSC www.fsc.org

Klimaneutral
Papier
ClimatePartner.com/13732-1910-1001

ISBN 978-3-593-51086-6 Print
ISBN 978-3-593-44273-0 E-Book (PDF)
ISBN 978-3-593-44272-3 E-Book (EPUB)

5., überarbeitete und aktualisierte Auflage 2019

Umschlaggestaltung: Thierry Wijnberg nach einem Entwurf von hauser lacour
Umschlagmotiv: © Shutterstock: Jack Frog
Satz: Publikations Atelier, Dreieich
Gesetzt aus: Greta Text und Akkurat
Druck und Bindung: Beltz Grafische Betriebe, Bad Langensalza
Printed in Germany

www.campus.de

Für Eilige

Warum kennen wir uns mit Arbeitszeugnissen aus?

→ In unserer Beratungspraxis haben wir rund 6000 Zeugnisse analysiert und optimiert.

→ Nutzen Sie unser 25-jähriges Praxiswissen und profitieren Sie von unserem Erfahrungsschatz.

Wie hilft Ihnen dieser Zeugnisratgeber?

→ Die Umsetzung unserer Informationen durch Sie steht im Vordergrund.

→ Dabei helfen Ihnen 60 Beispielzeugnisse und über 1200 Formulierungshilfen.

Was ist hier besonders?

→ Sie erfahren, wie Sie ein strittiges Zeugnis gleichermaßen diplomatisch und zielorientiert mit dem Arbeitgeber verhandeln können.

→ Mit Hilfe zahlreicher Zeugnisbeispiele verdeutlichen Sie Ihr individuelles berufliches Profil auch im Zeugnis.

Inhalt

Schneller zum besseren Arbeitszeugnis

Wissenschaftliche Untersuchungen zum Wert von Arbeitszeugnissen haben in den letzten Jahren erneut bestätigt, dass zwar nicht jede Personalmitarbeiterin und jeder Personalberater bis ins letzte Detail mit den ausgeklügelten Formulierungen vertraut ist. Dennoch werden der Aufgabenblock, die Gesamtnote und der wichtige Schlussabsatz sowohl von sogenannten „Schnelllesern" wie auch von geschulten „Detailexperten" erfasst. Ein professionell erstelltes Zeugnis ist deshalb unverzichtbar. Daher sollten auch Sie Ihren Arbeitszeugnissen rechtzeitig die Aufmerksamkeit zukommen lassen, die sie verdienen.

Eine ausführliche Aufgabenbeschreibung schärft Ihr Profil

In den allermeisten Fällen verläuft die berufliche Entwicklung über einige Jahrzehnte. Das berufliche Fortkommen hängt dabei nicht unerheblich von Arbeitszeugnissen ab. Nach einem Praktikum, nach der Probezeit, während der ersten Berufsjahre, vor einer anstehenden Beförderung oder beim Verlassen eines Unternehmens - Zeugnisse spielen in diesen Situationen eine herausragende Rolle. Inhalt und Wortlaut dieser Dokumente können darüber entscheiden, ob die Person in ein festes Arbeitsverhältnis übernommen wird, ob die beruflichen Leistungen eine Beförderung rechtfertigen und vor allem, ob eine Bewerberin oder ein Bewerber mit zusätzlichen Argumenten in Schriftform neue Arbeitgeber überzeugen kann.
Je besser ein Bewerber mit seinen Zeugnissen dokumentieren kann, welche speziellen Erfahrungen er in seinen verschiedenen beruflichen Stationen gesammelt hat, desto interessanter wird er für neue Arbeitgeber. Daher werden wir Ihnen in diesem Ratgeber nicht nur erläutern, wie gute Zeugnisbewertungen aussehen, sondern Ihnen auch zeigen, welche entscheidende Rolle einer aussagekräftigen Aufgabenbeschreibung zukommt. Denn sie macht Ihr individuelles berufliches Profil für andere nachvollziehbar.

Arbeitszeugnisse stellen also eine Art Quittung für die geleistete Arbeit dar. Dabei gilt, dass die Aussagen selbstverständlich der Wahrheit entsprechen müssen und dass Zeugnisse das weitere Fortkommen des Arbeitnehmers nicht unnötig erschweren

Zeugnisaussagen müssen belegbar sein

dürfen. Schlechte Noten muss der Aussteller deshalb belegen können, und auch einmalige Ausrutscher des Arbeitnehmers dürfen im Zeugnis nicht dokumentiert werden. Das Arbeitszeugnis hat somit auch eine gewisse Schutzfunktion.

Wie Sie zwischen den Zeilen lesen

Wenn es um das Verstehen von Arbeitszeugnissen geht, sind die betroffenen Arbeitnehmer im Gegensatz zu Personalprofis meist klar im Nachteil - schließlich sind sie nicht so professionell geschult wie die Experten aus den Personalabteilungen. Dort gehört das Verfassen von Zeugnissen zur täglichen Arbeit. Ganz anders sieht das für die Beurteilten aus, denn die meisten bekommen nur alle paar Jahre ein Arbeitszeugnis oder ein Zwischenzeugnis ausgehändigt. Aber gerade deswegen möchte man natürlich wissen, was die Sätze im Einzelnen bedeuten und ob im Zeugnis womöglich missverständliche oder sogar abwertende Formulierungen enthalten sind.

Verhandeln Sie über ungünstige Formulierungen

Wenn Sie im Vorstellungsgespräch auf schlechte Zeugnisse oder missverständliche Formulierungen angesprochen werden - oder im schlimmsten Fall gar nicht erst eingeladen werden -, ist es bereits zu spät, denn dann haben Sie kaum noch Möglichkeiten, etwas zu ändern. Nutzen Sie lieber rechtzeitig unser Expertenwissen, um überzeugende Zeugnisse selbst auszuarbeiten oder um die Entwürfe der Personalabteilungen zu verstehen und zu Ihren Gunsten abzuändern.

Auch in unserer Beratungspraxis gehört die Überprüfung von Arbeitszeugnissen zu unserer täglichen Arbeit. Wir finden eigentlich immer Mehrdeutigkeiten, Fehler oder Abwertungen, die sich aber mit etwas Engagement und überzeugenden Argumenten durchaus beseitigen lassen. Lassen Sie sich in diesem Praxisratgeber anhand zahlreicher Vorher-nachher-Beispiele zeigen,

- → **wie Sie missverständliche Bewertungen, negative Aussagen und Kritik erkennen,**
- → **welche Formulierungen ein gutes Arbeitszeugnis auszeichnen,**
- → **welche Formulierungen für welche Note stehen,**
- → **welche Elemente ein qualifiziertes Zeugnis enthalten muss,**
- → **wie Sie eine aussagekräftige Aufgabenbeschreibung verfassen,**

→ **welche Besonderheiten für Zwischenzeugnisse gelten,**
→ **wie Sie Ihr Arbeitszeugnis mit dem Arbeitgeber taktisch klug verhandeln und**
→ **welche Argumente Ihnen im Streitfall weiterhelfen.**

Insgesamt haben wir für Sie eine Auswahl von 60 Arbeitszeugnissen zusammengestellt, die wir direkt unserer Beratungspraxis entnommen haben. Darüber hinaus enthält dieser Ratgeber auch mehr als 1200 Textbausteine und Formulierungshilfen zu allen wichtigen Elementen von Arbeitszeugnissen.

Lernen Sie von Beispielen und nutzen Sie Textbausteine

Analysieren Sie mithilfe unserer Vorlagen und Beispiele Ihre eigenen Zeugnisse. Lassen Sie sich zeigen, wie Sie selbst überzeugende Zeugnisse verfassen oder kritische Sätze verbessern, wie Sie in Verhandlungen mit Ihrem Arbeitgeber selbstbewusst auftreten und sich in strittigen Fällen mit den richtigen Argumenten gegenüber den Personalabteilungen durchsetzen.

1. Zeugnis-Test – die zwanzig schlimmsten Fehler

Für unsere Kundinnen und Kunden optimieren wir täglich Arbeitszeugnisse. Oft geht es um viele Kleinigkeiten, die aber in der Summe bedeutsam sind. Klingt der Einleitungsabsatz überzeugend? Ist die Aufgabenbeschreibung nicht zu knapp geraten? Was ist mit der engagierten Mitarbeit in Projektgruppen? Werden Überzeugungsstärke oder Verhandlungsgeschick deutlich? Und wie lässt sich der professionelle Umgang mit Kunden besser beschreiben?

Fehler finden und ausmerzen mit dem Zeugnis-Test

Stellen Sie Ihr Arbeitszeugnis auf den Zeugnis-Prüfstand. Wir haben schon Tausende von Zeugnissen gründlich analysiert und kompetent verbessert – profitieren Sie davon! In unserem Zeugnis-Test haben wir für Sie die zwanzig häufigsten Fehler in Zeugnissen zusammengefasst. Und nicht nur das, wir liefern Ihnen auch gleich für jeden dieser typischen Fehler einen Lösungsansatz. Denn Sie wollen ja nicht nur verstehen, was in Ihrem Arbeitszeugnis steht, sondern auch konkrete Tipps und Hinweise dazu bekommen, wie sich gefundene Fehler ausmerzen lassen.

Machen Sie den Zeugnis-Test

Nehmen Sie eine Kopie Ihres Arbeitszeugnisses beziehungsweise den Entwurf Ihrer Firma zur Hand. Überprüfen Sie, ob und wie viele der zwanzig schlimmsten Fehler Ihr Zeugnis enthält.

Fehler 1: Die Zeugniseinleitung ist passiv formuliert

Heißt es im Zeugnis zum Beispiel »Wir bestätigen Frau Gabriele Schmidt, dass sie bei uns in der Zeit vom 01.01.2010 bis zum 31.12.2014 beschäftigt war«, dann handelt es sich um eine sogenannte passive Zeugniseinleitung. Die passive Formulierung »beschäftigt war« ist schon schlimm genug, zusammen mit der Einleitung »Wir bestätigen ...« ist das fast ein Todesurteil für das gesamte Arbeitszeugnis.

Meine Zeugniseinleitung ist passiv formuliert.

Bitte ankreuzen

○ ja
○ nein

Lösung: Verlangen Sie von der Firma eine aktive Einleitungsformulierung mit dem Verb »tätig«, also etwa so: »Frau Gabriele Schmidt, geb. am 07.11.1977, war für unser Unternehmen vom 01.01.2010 bis zum 31.12.2014 als Mitarbeiterin in der Buchhaltung tätig.«

Fehler 2: Wichtige Tätigkeiten fehlen

Der Aufgabenblock ist eines der zentralen Elemente im Zeugnis. Künftige Arbeitgeber wollen schließlich genau wissen, was Sie am alten Arbeitsplatz gemacht haben. Wenn Sie etwa ein Jahr für eine Firma tätig waren, sollte Ihre Aufgabenbeschreibung mindestens fünf, besser sieben Arbeitsaufgaben enthalten.

Meine Aufgabenbeschreibung enthält weniger als fünf Arbeitsaufgaben.

Bitte ankreuzen

○ ja
○ nein

Lösung: Schauen Sie in Ihren Arbeitsvertrag, Ihre Stellenbeschreibung oder, falls noch vorhanden, die damalige Stellenanzeige. Oder schreiben Sie selbst die Aufgaben auf, die Sie mittlerweile zusätzlich übernommen haben. Fordern Sie, dass die wesentlichen von Ihnen erledigten Aufgaben auch ins Zeugnis aufgenommen werden.

Fehler 3: Die Einzelnoten haben keinen Bezug zu den Arbeitsaufgaben

Im Arbeitszeugnis finden Sie Einzelnoten beispielsweise zu Ihrem Fachwissen, Ihrer Arbeitsmotivation, Ihrer Arbeitsweise und Ihren Arbeitserfolgen. Viele dieser Einzelbewertungen, die direkt auf die Aufgabenbeschreibung folgen, klingen oft standardisiert und oberflächlich. Sie scheinen dann gar keinen Bezug zu den tatsächlichen Aufgaben zu haben. So sollte es beispielsweise zum Fachwissen nicht bloß heißen »Herr Müller verfügt über fundierte Fachkenntnisse«, sondern besser »Herr Müller verfügt über fundierte und umfangreiche Fachkenntnisse in Vermarktungs- und Präsentationskonzepten«.

Bitte ankreuzen

Die Mehrzahl meiner Einzelbewertungen bezieht sich nicht auf meine Arbeitsaufgaben.

○ ja
○ nein

Lösung: Überprüfen Sie mithilfe unserer vielen Positivbeispiele für gelungene Arbeitszeugnisse weiter hinten im Buch systematisch Ihre Einzelbewertungen. Orientieren Sie sich dabei vor allem an den Einzelnoten, die einen direkten Bezug zu vorher beschriebenen Aufgaben haben. Machen Sie Ihrer Firma dann entsprechende Verbesserungsvorschläge für Ihre Einzelbewertungen.

Fehler 4: Sonderaufgaben und Projektarbeiten bleiben unerwähnt

Arbeitgeber sind immer auf der Suche nach Mitarbeitern, die mehr als der Durchschnitt leisten - Sonderaufgaben oder Projektarbeiten sollten daher auch im Zeugnis genannt werden. Wir erleben in unserer Beratungspraxis, dass jeder etwas Besonderes zu bieten hat. Vielleicht haben Sie auch Auszubildende angelernt oder Kollegen in eine neue Software eingearbeitet, sind in Projektgruppen aktiv gewesen oder haben in Qualitätszirkeln mitgearbeitet.

Bitte ankreuzen

Ich habe Sonder- und Zusatzaufgaben übernommen, die nicht im Zeugnis auftauchen.

○ ja
○ nein

Lösung: Schreiben Sie die von Ihnen ausgeübten Sonder-, Zusatz- und Projektarbeiten auf. Sorgen Sie dafür, dass diese Extraaufgaben entweder in den allgemeinen Aufgabenblock aufgenommen werden oder im Bewertungsblock nach einer Formulierung wie »Besonders hervorzuheben ist, dass Frau Schmidt …« auftauchen.

Fehler 5: Das persönliche Engagement wird nicht deutlich

Eigentlich alle Firmen wünschen sich von ihren Mitarbeitern, dass sie eigenmotiviert und ausdauernd an ihre Arbeitsaufgaben herangehen. Werden regelmäßig wichtige Anregungen zum Beispiel in den Bereichen Arbeitsorganisation, Kundenansprache oder Servicequalität gegeben, sollte dieses Engagement auch im Zeugnis beschrieben werden.

Ich vermisse in meinem Zeugnis einen Hinweis auf mein Engagement und die ständig von mir gegebenen Impulse zur Verbesserung von Arbeitsabläufen.

Bitte ankreuzen

○ ja
○ nein

Lösung: Erinnern Sie Ihren Vorgesetzten daran, dass er Vorschläge von Ihnen geprüft, gelobt und umgesetzt hat. Beziehen Sie sich auf positiv verlaufene Mitarbeitergespräche (Jahresgespräche). Und weisen Sie darauf hin, dass Sie Ihre engagierte Mitarbeit auch im Zeugnis dokumentiert haben möchten.

Fehler 6: Weiterbildungen werden nicht genannt

Nicht jede Weiterbildung muss auch im Arbeitszeugnis auftauchen. Inakzeptabel wäre aber, wenn umfangreiche Fachweiterbildungen oder intensive Produktschulungen nicht im Zeugnis dargestellt werden.

Mein Zeugnis enthält keine Angaben zu meiner Weiterbildungsbereitschaft.

Bitte ankreuzen

○ ja
○ nein

Lösung: Erinnern Sie Ihre Firma daran, dass Sie sich regelmäßig und zum Nutzen des Unternehmens fortgebildet haben, gegebenenfalls sogar auf eigene Kosten und in Ihrer Freizeit.

Fehler 7: Angaben zu den PC-Kenntnissen fehlen

Ohne PC-Kenntnisse geht in modernen Berufsfeldern eigentlich gar nichts mehr. Auch wenn die gängigen MS-Office-Programme wie Word, Excel oder PowerPoint nicht in jedem Arbeitszeugnis auftauchen müssen, sieht es bei speziellen Programmen doch anders aus. Besondere Kenntnisse in SAP R/3, Warenwirtschafts- oder Abrechnungsprogrammen sollten im Zeugnis auf jeden Fall erwähnt werden.

Bitte ankreuzen

Es gibt keine Hinweise auf die von mir eingesetzte spezielle Software.

○ ja
○ nein

Lösung: Weisen Sie Ihren Arbeitgeber freundlich, aber bestimmt darauf hin, dass Ihre PC-Kenntnisse ebenfalls zu Ihren Fachkenntnissen gehören und Sie deshalb eine Aufnahme ins Zeugnis wünschen.

Fehler 8: Sprachkenntnisse werden unterschlagen

Globalisierung ist nicht nur ein Schlagwort. Viele Arbeitsprozesse sind heutzutage international ausgerichtet. Ob Logistik, Einkauf oder Verkauf - es wird oft auch auf Englisch, Spanisch, Französisch oder Russisch telefoniert, verhandelt oder präsentiert.

Bitte ankreuzen

Meine Sprachkenntnisse werden nicht detailliert und mit Praxisbeispielen angereichert im Zeugnis charakterisiert.

○ ja
○ nein

Lösung: Der Hinweis auf praxiserprobte Sprachkenntnisse lässt sich an vielen Stellen wirkungsvoll ins Arbeitszeugnis integrieren. Sorgen Sie für Klartext in Ihrem Zeugnis, beispielsweise so: »Frau Schmidt hat regelmäßig Verhandlungen mit unseren ausländischen Geschäftspartnern auf Polnisch und Deutsch protokolliert« oder »Herr Müller konnte seine sehr guten englischen Sprachkenntnisse in Verhandlungen hervorragend einsetzen«.

Fehler 9: Die strukturierte Arbeitsweise wird nicht beschrieben

Gibt es im Zeugnis bloß Hinweise auf Ihre ausgeprägte Motivation, aber nicht auf Ihre Arbeitsweise, wird vermutet, dass Sie völlig planlos an die Dinge herangehen. Wichtige Schlüsselwörter sind hier »sorgfältig«, »systematisch« oder »planvoll«.

Bitte ankreuzen

Mein systematisches Herangehen an Arbeitsaufgaben bleibt unerwähnt.

○ ja
○ nein

Lösung: Überlegen Sie sich zwei Beispiele, mit denen Sie Ihre systematische Herangehensweise an Arbeitsaufgaben belegen können. Beziehen Sie sich auf diese Beispiele und legen Sie der Firma nahe, dass Ihre konstruktive Arbeitsweise im Zeugnis erwähnt wird.

Fehler 10: Es gibt keinen Hinweis auf die Arbeitserfolge

Besonders aufmerksam lesen Personalverantwortliche Arbeitszeugnisse immer dann, wenn es um die Beurteilung des Arbeitserfolges geht. Firmen können Mitarbeitern vieles nachsehen, ausbleibenden Erfolg aber nicht! Formulierungen wie »Ihre Arbeitsergebnisse waren jederzeit von guter Qualität oder Er entwickelte stets gute und kostengünstige Lösungen« müssen daher im Zeugnis auftauchen.

Auf von mir erzielte Arbeitserfolge wird im Zeugnis nicht eingegangen.

Bitte ankreuzen

○ ja
○ nein

Lösung: Oft verwechseln Personalabteilungen die Gesamtnote »Sie erledigte die ihr übertragenen Aufgaben stets zu unserer vollen Zufriedenheit« mit der ebenfalls wichtigen Einzelnote für den Arbeitserfolg. Ihr Vorteil: Wenn Sie schon eine gute Gesamtnote haben, können Sie mit Verweis darauf ohne viel Widerstand zusätzlich auch eine gute Einzelnote für Ihre Arbeitserfolge durchsetzen.

Fehler 11: Die besonderen Leistungen bleiben unerwähnt

Bei dem allgemeinen Arbeitserfolg handelt es sich um einen Pflichtteil des Zeugnisses - besondere Erfolge werden dagegen nur in Ausnahmefällen erwähnt. Typische besondere Erfolge sind eine erfolgreiche Umstrukturierung der Abteilung, Verbesserungsvorschläge in der Produktion oder effektive Kostensenkungen.

Positiv aus dem Rahmen fallende, besondere Arbeitsleistungen werden in meinem Arbeitszeugnis nicht erwähnt.

Bitte ankreuzen

○ ja
○ nein

Lösung: Gehen Sie noch einmal gründlich in Gedanken durch, ob sich für die Zeit Ihrer Beschäftigung in der Firma Anhaltspunkte für einen besonderen Erfolg finden lassen. Dieser darf auch schon etwas länger zurückliegen.

Fehler 12: Es fehlen arbeitstypische Merkmale

Für Mitarbeiter im Vertrieb wären »Kontaktstärke« und »Ausdauer« arbeitstypische Merkmale. Controllingexperten sollten »Prozesse schnell analysieren« und »effektive Lösungen finden« können. Und Führungskräfte müssen »belastbar« oder »beharrlich« sein. Mit jedem Berufsfeld verbinden Personalprofis spezielle Merkmale, und die gehören auch ins Zeugnis.

Bitte ankreuzen

Eigenschaften, die für mein Arbeitsfeld typisch sind, werden nicht aufgeführt.

○ ja
○ nein

Lösung: Suchen Sie in Internet-Jobbörsen aktuelle Stellenanzeigen, die Ihre Arbeitsaufgaben beschreiben. Wählen Sie dann zwei bis drei typische Merkmale aus. Weisen Sie die Firma darauf hin, dass Sie diese für Ihr Berufsfeld typischen Eigenschaften bei der Erledigung Ihrer Arbeitsaufgaben täglich gezeigt und eingesetzt haben und daher auch wünschen, dass sie im Zeugnis erwähnt werden.

Fehler 13: Die Formulierung der Gesamtnote wirkt merkwürdig

Jeder Arbeitnehmer, jeder Personalverantwortliche und jeder Fachvorgesetzte weiß, dass Zeugnisse eine Gesamtnote enthalten. Gerade Zeugnisschnellleser suchen sofort nach der zusammenfassenden Leistungsbeurteilung. Formulierungen wie etwa »Die ihm übertragenen Aufgaben erledigte Herr Müller im Großen und Ganzen zu unserer Zufriedenheit« sind eine klare Abwertung. Da die Zeitangabe »stets« fehlt, wird aus der Note drei (befriedigend) die Note vier (ausreichend), hinzu kommt aber noch die Einschränkung »im Großen und Ganzen« (also nicht immer) und damit liegt die Gesamtnote fünf (also mangelhaft) vor.

Die Formulierung meiner Gesamtnote klingt nicht überzeugend.

Bitte ankreuzen

- ○ ja
- ○ nein

Lösung: Nehmen Sie unsere Formulierungshilfen am Ende des Buches zur Hand und »übersetzen« Sie Ihre Gesamtnote. Wenn Sie sich zu schlecht beurteilt fühlen, können Sie auf frühere Zwischenzeugnisse, ehemalige Vorgesetzte oder zufriedene Kunden verweisen. Oft knickt die Firma bei etwas Gegenwind ein und verbessert die Gesamtnote.

Fehler 14: Das interne Sozialverhalten erscheint missverständlich

Im Zeugnisblock zum internen Sozialverhalten wird beschrieben, wie Sie sich in die Firmenhierarchie eingepasst haben. Hier muss in erster Linie zum Ausdruck kommen, dass Ihre Vorgesetzten mit Ihnen zufrieden waren. Heißt es zum Beispiel »Das Verhalten von Herrn Schmidt gegenüber Kolleginnen und Kollegen war stets einwandfrei«, so wird indirekt mitgeteilt »Es gab laufend Ärger mit dem Vorgesetzten«, denn dieser wird überhaupt nicht erwähnt.

Die Beschreibung meines Verhaltens gegenüber Vorgesetzten und Kollegen klingt so, als ob es manchmal Streit gegeben hat.

Bitte ankreuzen

- ○ ja
- ○ nein

Lösung: Einmalige Vorfälle, beispielsweise ein Streit zum Schluss des Arbeitsverhältnisses, haben im Zeugnis keinen Platz. Die Bewertung des Sozialverhaltens bezieht sich vielmehr auf die gesamte Zeit der Firmenzugehörigkeit. Sorgen Sie also dafür, dass Ihr internes Sozialverhalten positiv beschrieben wird.

Fehler 15: Der professionelle Umgang mit Kunden wird nicht deutlich

Der Umgang mit Kunden, Lieferanten oder anderen Geschäftspartnern zählt zum externen Sozialverhalten. Die Praxis zeigt: Hier sind die Beschreibungen meist zu dürftig. Ein bloßes »Ihr Verhalten gegenüber Kunden war stets vorbildlich« könnte durchaus ergänzt werden mit der Formulierung »wobei ihr gutes Kontaktvermögen und Verhandlungsgeschick auch hier immer zu einer erfolgreichen Zusammenarbeit führten«.

Bitte ankreuzen

Obwohl ich ständig mit Kunden zu tun hatte, steht darüber kaum etwas im Zeugnis.
○ ja
○ nein

Lösung: Machen Sie Ihr berufliches Profil auch im Arbeitszeugnis deutlich. Wenn Sie täglich mit Kunden zu tun hatten, sollten Sie auf jeden Fall darauf hinwirken, dass das externe Sozialverhalten etwas ausführlicher beschrieben wird.

Fehler 16: Der Kündigungsgrund ist missverständlich

Die Frage, warum ein Mitarbeiter eine Firma verlassen hat, spielt im Bewerbungsverfahren immer eine wichtige Rolle. Eine erste Auskunft darüber liefert das Zeugnis. In unserer Beratungspraxis erleben wir immer wieder, dass Mitarbeitern wegen Firmeninsolvenz, Umstrukturierung oder allgemeinem Stellenabbau gekündigt wurde. Dann sollte es aber auch im Zeugnis nicht heißen »Das Arbeitsverhältnis wurde zum 31.11.2014 gekündigt« - was schnell übersetzt wird mit »Er hat nicht die gewünschte Leistung gezeigt, deshalb haben wir ihm gekündigt« -, sondern »Das Arbeitsverhältnis musste betriebsbedingt zum 31.11.2014 gekündigt werden«. Dieser Kündigungsformulierung ist eindeutig zu entnehmen, dass die Gründe für die Kündigung nicht beim Arbeitnehmer zu suchen sind.

Bitte ankreuzen

Der Kündigungsgrund im Zeugnis klingt mehrdeutig.
○ ja
○ nein

Lösung: Kündigt der Arbeitgeber ohne nähere Begründung, wird dies oft problematisch gesehen. Hier hilft Klartext weiter: Lassen Sie einen Zusatz wie »das schwierige wirtschaftliche Umfeld«, »Insolvenz« oder Ähnliches einfügen.

Fehler 17: Dank und Bedauern fehlen

Die Dankes-Bedauerns-Formel im Schlussabsatz von Zeugnissen, also etwa »Wir danken ihr für ihre stets engagierte Mitarbeit und bedauern ihr Ausscheiden sehr«, ist nach Meinung einiger Arbeitsgerichte zwar nicht einklagbar. Wir haben es in unserer Beratungspraxis aber nur selten erlebt, dass eine Firma den Wunsch nach dieser Formulierung rigoros abschlägt. Es kommt eher vor, dass überlastete Personalabteilungen oder überforderte Fachvorgesetzte in kleineren Betrieben diese übliche Schlussformulierung aus Versehen weglassen.

Im Schlussabsatz gibt es keinen Hinweis auf Dank für die Arbeit oder Bedauern über den Weggang.

Bitte ankreuzen

○ ja
○ nein

Lösung: Bitten Sie darum, die entsprechende Formel ins Zeugnis aufzunehmen. Sie können sie ja einfach vorformulieren und zusammen mit den anderen Änderungswünschen per E-Mail zusenden, dann haben es die Zeugnisaussteller leichter und Sie haben mit ein wenig Einsatz ein besseres Zeugnis bekommen.

Fehler 18: Die Zukunftswünsche sind mehrdeutig

Wünsche für die Zukunft sind ebenfalls in Zeugnissen üblich, allerdings wird zwischen beruflichen und privaten Wünschen deutlich unterschieden. Im Idealfall wünscht man weiter Erfolg, auf gar keinen Fall hingegen »Glück für den weiteren Berufsweg«. Denn das heißt übersetzt: »Sie kann nichts, aber vielleicht hat sie ja bei Ihnen mehr Glück (als Verstand)«.

In meinem Zeugnis wird kein Bezug auf Wünsche für eine erfolgreiche berufliche Zukunft genommen.

Bitte ankreuzen

○ ja
○ nein

Lösung: Weisen Sie Ihren Arbeitgeber auf die üblichen Gepflogenheiten für Zukunftswünsche hin. Schlagen Sie beispielsweise diese bewährte Formulierung vor: »Wir wünschen ihr für ihren weiteren Berufs- und Lebensweg alles Gute und weiterhin Erfolg.«

Fehler 19: Das Ausstellungsdatum ist wesentlich später als das Austrittsdatum

Es gibt häufiger Personalabteilungen, in denen das reine Chaos herrscht, oder wichtige Mitarbeiter sind im Urlaub und Vertreter fühlen sich nicht zuständig, oder es gilt das Prinzip »Wir reagieren erst auf die dritte Erinnerung«. Dies sollte aber nicht zulasten Ihres Zeugnisses gehen. Das Ausstellungsdatum, also die Zeitangabe, die zusammen mit dem Ausstellungsort neben den Unterschriften der Zeugnisaussteller steht, sollte im Idealfall dem Austrittsdatum im Einleitungsabsatz (»war vom 01.01.2013 bis zum 31.12.2014 für uns tätig«) entsprechen. Liegt zwischen Ausstellungs- und Austrittsdatum ein mehrmonatiger Zeitraum, kommen Zeugnisprofis ins Grübeln: Gab es womöglich einen Termin vor dem Arbeitsgericht?

Bitte ankreuzen

Das Ausstellungsdatum datiert mehr als drei Monate später als mein Austrittsdatum.

- ○ ja
- ○ nein

Lösung: Erklären Sie der Firma, dass Sie laut Zeugnis erfolgreich, kompetent und motiviert mitgearbeitet haben und daher eine indirekte Abwertung durch die Zeitdifferenz befürchten. Üblicherweise wird das Zeugnis dann ohne großes Murren korrigiert.

Fehler 20: Der Zeugnisaussteller ist die falsche Person

Wenn beispielsweise ein langjährig mitarbeitender Pharmareferent sein Arbeitszeugnis mit einer Unterschrift von der Chefsekretärin bekommt, ist dies nicht in Ordnung. Das Maß der gegenüber dem Mitarbeiter entgegengebrachten Wertschätzung zeigt sich auch daran, dass der zuständige Zeugnisaussteller, etwa der Vorgesetzte, das Arbeitszeugnis unterschrieben hat.

Bitte ankreuzen

Ich kenne den Zeugnisaussteller überhaupt nicht.

- ○ ja
- ○ nein

Lösung: Sie sollten darauf bestehen, dass Ihr Fachvorgesetzter oder der zuständige Personalverantwortliche, im Idealfall sogar beide, Ihr Zeugnis unterzeichnen. Eine unleserliche Unterschrift allein reicht jedoch nicht aus. Aus dem Zeugnis muss hervorgehen, welche Position der Zeugnisaussteller innehat.

Auswertung

Wie hat Ihr Arbeitszeugnis in unserem Zeugnis-Test abgeschnitten? Addieren Sie die Anzahl der Kreuze, die Sie bei *ja* gemacht haben, und schauen Sie in der folgenden Auswertung nach.

13- bis 20-mal ja: Ihr Zeugnis ist eine totale Katastrophe. Derart viele Fehler zeugen von einer völlig inkompetenten Personalabteilung. Ihr Vorteil: Nachdem Sie einen komplett neuen Gegenvorschlag entwickelt und eingereicht haben, wird man den neuen Zeugnistext gerne vollständig übernehmen, denn das erspart eigene Anstrengungen und ist daher der leichteste Weg.

7- bis 12-mal ja: Der übliche Durchschnitt, den wir als Berater zum Thema Arbeitszeugnis kennen. Gravierende Fehler dieser Art und Menge sind unserer Erfahrung nach in jedem zweiten Zeugnis enthalten. Bereiten Sie Ihren Gegenvorschlag gründlich mit guten und nachvollziehbaren Argumenten vor. Stellen Sie ruhig Maximalforderungen, damit Sie an der einen oder anderen Stelle auch einmal nachgeben können.

4- bis 6-mal ja: Gar nicht so schlecht, aber eigentlich nicht zu akzeptieren. Prüfen Sie Ihre Verhandlungsposition: Haben Sie einen guten Draht zum ehemaligen Chef? Zum Geschäftsführer? Oder eher zur Personalabteilung? Sie sollten auf jeden Fall aktiv Korrekturen einfordern. Werden diese im ersten Anlauf teilweise abgelehnt, sollten Sie ruhig einen zweiten Anlauf starten, ganz nach der Maxime: Diplomatische Beharrlichkeit führt zum Wunschzeugnis.

0- bis 3-mal ja: Prima! Jetzt kommt es darauf an, für wie gravierend Sie die wenigen Mängel in Ihrem Zeugnis halten. Vielleicht scheuen Sie den Aufwand, Nachbesserungen zu verlangen. Andererseits: Zeugnisse begleiten Sie ein Arbeitsleben lang. Ein Änderungsversuch lohnt sich daher eigentlich immer. Ihr Verhandlungsvorteil: Loben Sie die Firma für das gute Zeugnis und weisen Sie darauf hin, dass Sie gerne nur noch zwei, drei kleine Formalien ändern möchten.

2. Und was ist mit dem Geheimcode?

Wennn es um Arbeitszeugnisse und die darin enthaltenen Formulierungen und Bewertungen geht, ist häufig auch vom sogenannten »Geheimcode« die Rede. Vielleicht fragen Sie sich, ebenso wie viele andere beurteilte Arbeitnehmer auch, ob Ihr Zeugnis mithilfe eines weithin unbekannten Geheimcodes verfasst wurde? Und vielleicht denken Sie, dass dieser Code eingesetzt wird, um die Leistungen der beurteilten Person abzuwerten und diese eventuell sogar persönlich zu diffamieren?

Die meisten Formulierungen stehen für Noten

Wir können Sie beruhigen. Auch wenn Ihnen die gängigen Formulierungen in Arbeitszeugnissen manchmal unverständlich, verwirrend und mehrdeutig vorkommen, so liegt das nicht an einem Geheimcode. Weitaus mehr als 90 Prozent der Formulierungen in Arbeitszeugnissen spiegeln ganz eindeutig Notenstufen wider. Wenn Sie also wissen, um welche Merkmale es im Einzelnen geht, können Sie sehr schnell die entsprechenden Noten der jeweiligen Einzelbewertungen entschlüsseln. Und für diesen Zweck haben wir ja die vielen Formulierungen und Beispiele in diesem Ratgeber für Sie zusammengestellt.

Sicherlich fragen Sie nun nach den 5 bis 10 Prozent der Formulierungen in Zeugnissen, die nicht auf Anhieb als Einzelnoten zu entschlüsseln sind, den sogenannten speziellen Zeugnistechniken. Diese Formulierungstechniken würden auch wir als Geheimcode bezeichnen. Zeugnisprofis kennen und nutzen die folgenden sieben typischen Zeugnistechniken, um Arbeitnehmer indirekt abzuwerten - und wir erläutern sie Ihnen jetzt auch. Es sind

Abwertende Zeugnistechniken im Überblick

- → **Formfehler,**
- → **Negativformulierungen,**
- → **Nebensächlichkeiten,**
- → **Widersprüche,**
- → **Relativierungen,**

→ **zu knappe Sätze und**
→ **missverständliche Formulierungen.**

Formfehler: Ein an sich gutes Arbeitszeugnis kann durch Formfehler indirekt abgewertet werden. Ist das Zeugnis nicht auf dem offiziellen Firmenbriefpapier ausgestellt, unterschreibt ein nicht zuständiger Zeugnisaussteller oder wimmelt es im Zeugnis womöglich von Rechtschreibfehlern, dann wird damit eine mangelnde Wertschätzung des beurteilten Mitarbeiters zum Ausdruck gebracht. Wie sich Formfehler vermeiden lassen, können Sie dem Kapitel *So sind Arbeitszeugnisse aufgebaut* entnehmen.

Das Zeugnis sollte nur positive Formulierungen enthalten

Negativformulierungen: Kritik wird im Arbeitszeugnis auch durch Negativformulierungen indirekt mitgeteilt. Wann immer es heißt »Ihr Verhalten gegenüber Vorgesetzten war nicht zu beanstanden« oder »Seine Arbeitsqualität war nicht zu kritisieren«, ist damit das glatte Gegenteil gemeint. Zeugnisprofis würden die aufgeführten Beispiele also so übersetzen: »Das Verhalten gegenüber Vorgesetzten war eindeutig zu beanstanden« und »Die Arbeitsqualität war durchgängig schlecht und daher zu kritisieren«. Achten Sie also darauf, dass Ihr Arbeitszeugnis keine Negativformulierungen enthält.

Nebensächlichkeiten: Arbeitszeugnisse müssen typische Tätigkeiten enthalten, die mit der Stelle des beurteilten Mitarbeiters zusammenhängen. Heißt es in der Aufgabenbeschreibung eines Einkäufers, dass er zuständig war für die »Buchung von Zahlungseingängen, die Urlaubsplanung und die Angebotseinholung«, wird durch diese Schilderung von Nebensächlichkeiten - denn darum handelt es sich bei der Buchung von Zahlungseingängen und bei der Urlaubsplanung - indirekt Kritik zum Ausdruck gebracht. Überprüfen Sie Ihr Zeugnis also darauf hin, ob die enthaltenen Aussagen in einem direkten Bezug zu den Kernaufgaben Ihres Tätigkeitsfeldes stehen.

Die Bewertung muss einheitlich sein

Widersprüche: Auf Widersprüche in Arbeitszeugnissen reagieren Zeugnisprofis allergisch. Ein gutes Zeugnis muss durchgängig positive Bewertungen enthalten. Manche Firmen tricksen und streuen nur an bestimmten Stellen gute Bewertungen ein, die dann an anderer Stelle mit schlechten Bewertungen konterkariert werden. Bei der Überprüfung oder Erstellung Ihres Arbeitszeugnisses sollten Sie also kontrollieren, ob Widersprüche enthalten sind.

Achten Sie auf Schlüsselwörter

Relativierungen: Es gibt bestimmte Schlüsselwörter, die sich eingebürgert haben, um Kritik zum Ausdruck zu bringen. Es macht in der Zeugnispraxis einen großen Unterschied, ob es heißt »Sie lieferte im Großen und Ganzen eine zufriedenstellende Arbeitsqualität« oder »Sie lieferte jederzeit eine gute und überdurchschnittliche Arbeitsqualität«. Im ersten Fall handelt es sich nämlich um ein eindeutiges »mangelhaft«, im zweiten Fall aber um die Note »gut«. Achten Sie also darauf, dass Ihr Arbeitszeugnis auf keinen Fall relativierende Wörter wie »im Großen und Ganzen«, »bei uns galt sie«, »eigentlich«, »war bemüht«, »zeigte Interesse« oder »war bestrebt« beinhaltet.

Zu knappe Sätze: Kurze Sätze, knappe Beschreibungen und zu wenig Detailinformationen werden ebenfalls als mangelnde Wertschätzung der Leistungsfähigkeit des bewerteten Mitarbeiters interpretiert. So darf es beispielsweise beim Fachwissen nicht einfach heißen »Herr Müller verfügt über Berufserfahrung« (Note »ausreichend«). Aussagekräftiger wäre diese Formulierung: »Herr Müller verfügt über eine vielseitige und große Berufserfahrung« (Note »gut«). Durchleuchten Sie Ihr Zeugnis daher auch unter dem Aspekt der Ausführlichkeit der einzelnen Formulierungen.

Nicht alle Fehler sind Absicht

Missverständliche Formulierungen: Nicht jede Abwertung im Arbeitszeugnis muss absichtlich eingefügt worden sein. Wir erleben in unserer Beratungspraxis regelmäßig, dass Firmen aus Versehen missverständliche Formulierungen verwandt haben, weil sie es einfach nicht besser wussten. So ist die Beschreibung »Im Umgang mit Kunden zeigte sie psychologisches Geschick« eigentlich als Auszeichnung für den Umgang mit schwierigen Kunden zu verstehen. Manche Zeugnisprofis würden aus dieser Formulierung - insbesondere dann, wenn auch andere Sätze im Zeugnis merkwürdig klingen - allerdings heraushören: Sie zog die Kunden über den Tisch, und wir durften dann später den Schaden wiedergutmachen«. Pochen Sie also auf klare und eindeutige Formulierungen in Ihrem Arbeitszeugnis.

Wenn Sie die genannten Zeugnistechniken (Geheimcodes) lernen, wird sich das positiv auf Ihr Arbeitszeugnis auszahlen, denn Sie erkennen schnell, ob ein Arbeitszeugnis indirekt kritische Aussagen enthält.

Entschlüsseln Sie den Geheimcode und verbessern Sie Ihr Zeugnis

Zum einen können Sie Ihre Zeugnisse daraufhin überprüfen, ob und welche der vorgestellten Verschlüsselungstechniken eingesetzt wurden. Und zum anderen können Sie entsprechende Fehler selbst beheben. Wie das genau geht, zeigen wir Ihnen weiter unten anhand der im weiteren Verlauf vorgestellten negativen Beispielzeugnisse. Fragwürdige Bewertungen, die sich Arbeitnehmer nicht gefallen lassen sollten, werden dort entlarvt. Und in den jeweiligen positiven Beispielzeugnissen können Sie direkt sehen, wie das positiv formuliert klingt.

3. So sind Arbeitszeugnisse aufgebaut

Bevor wir mit Ihnen in die Feinheiten und Details einsteigen, möchten wir erst einmal für Orientierung sorgen und Ihnen Struktur und Aufbau von Zeugnissen erläutern. Sowohl Arbeits- als auch Zwischenzeugnisse werden nach einem grundlegenden Muster erstellt, das verschiedene Elemente beinhaltet – und wenn Sie diese kennen, wird es Ihnen auch deutlich leichter fallen, Ihre eigenen Zeugnisse besser zu verstehen.

Die Bestandteile eines qualifizierten Arbeitszeugnisses

Ein sogenanntes qualifiziertes Arbeitszeugnis besteht im Idealfall aus verschiedenen, standardisierten Bestandteilen. Einfache Zeugnisse, die nur den Namen, den Beschäftigungszeitraum und die ausgeübte Position enthalten, auf detaillierte Bewertungen und erläuternde Beschreibungen hingegen verzichten, sind mittlerweile unüblich. Sie sollten daher immer ein qualifiziertes Arbeitszeugnis verlangen - und das sollte die folgenden Bestandteile enthalten:

- → **Firmenbriefkopf**
- → **Überschrift**
- → **Einleitung**
- → **Aufgabenbeschreibung**
- → **einzelne Leistungsbeurteilungen:**
  - **Arbeitswille / Arbeitsmotivation**
  - **Arbeitsbefähigung**
  - **Fachwissen und Weiterbildung**
  - **Arbeitsweise**
  - **Arbeitserfolg**
  - **(eventuell) besondere Erfolge**
  - **(eventuell) Führungsverhalten**
- → **zusammenfassende Leistungsbeurteilung**
- → **Sozialverhalten:**
  - **intern**
  - **extern**
  - **(eventuell) Besonderheiten im Sozialverhalten**

- **Schlussformulierungen:**
  - **Kündigungsgrund**
  - **(möglichst) Dankes-Bedauerns-Formel**
  - **(möglichst) Zukunftswünsche**
- **Ort und Datum**
- **zuständiger Zeugnisaussteller**

Nicht auf alle hier vorgestellten Bestandteile haben Sie einen rechtlichen Anspruch, aber mit etwas Verhandlungsgeschick gegenüber der Personalabteilung (siehe auch das Kapitel »Strittige Fälle - Ihre Rechte als Arbeitnehmer«) und dem Verweis auf heute übliche Standards ist es in der Regel problemlos möglich, ein Zeugnis zu bekommen, das alle aufgeführten Elemente enthält. Aber was ist nun unter den Elementen im Einzelnen zu verstehen?

Verhandeln Sie mit der Personalabteilung bei fehlenden Details

Firmenbriefkopf: Arbeitszeugnisse unterliegen nicht nur inhaltlichen, sondern auch formalen Standards. Zu diesen Formalien gehört, dass Ihr Zeugnis auf dem üblichen Firmenbriefpapier erstellt werden muss. Würde die Firma Ihr Zeugnis auf ein einfaches Blatt Papier drucken, wäre dies eine offensichtliche Geringschätzung Ihrer Person und Ihrer Arbeitsleistung. Daher ist das offizielle Firmenbriefpapier Pflicht.

Überschrift: Gängige Überschriften lauten »Zeugnis« oder »Arbeitszeugnis«. Dabei spielt es keine Rolle, ob die Überschrift in Großbuchstaben, gesperrt - also jeweils mit einem Leerzeichen zwischen den Buchstaben - oder ohne ein besonderes Format gestaltet wird. Sie wird in der Regel zentriert oder linksbündig gesetzt. Zwischenzeugnisse bekommen die entsprechende Überschrift »Zwischenzeugnis«. Die Überschriften »Arbeitsbescheinigung« oder »Mitarbeiterbeurteilung« sollten Sie hingegen keinesfalls akzeptieren. Im ersten Fall handelt es sich um eine unzulässige Abwertung, und der zweite Fall bezeichnet kein Arbeitszeugnis, sondern vielmehr eine (turnusmäßige) Personalbeurteilung, die ganz anderen Vorgaben unterliegt als ein Zeugnis.

Einleitung: Eine übliche Einleitung enthält Vor- und Zunamen des Mitarbeiters sowie - das Einverständnis vorausgesetzt - üblicherweise auch das Geburtsdatum und den Geburtsort. Die Angaben zum Eintritts- und Austrittstermin müssen korrekt

Achten Sie auf stimmige Datumsangaben

sein, also den vertraglichen Vereinbarungen entsprechen. Personalverantwortliche werden häufig misstrauisch, wenn es sich beim Austrittstermin um ein »krummes« Datum, also nicht das Monatsende, handelt. Dann drängt sich schnell die Frage nach einer fristlosen Kündigung auf. Es kann aber auch sein, dass der Mitarbeiter einvernehmlich freigestellt wurde, um früher bei der neuen Firma anzufangen. Das sollte dann aber auch beim Kündigungsgrund am Ende des Zeugnisses deutlich gemacht werden. Geeignete sowie missverständliche Formulierungen für Einleitungen finden Sie in den Beispielzeugnissen und in der Zusammenstellung »Formulierungen für Zeugniseinleitungen« ab Seite 185.

Ihre Aufgaben müssen aussagekräftig beschrieben werden

Aufgabenbeschreibung: Die Aufgabenbeschreibung ist eines der wesentlichen Elemente Ihres Arbeitszeugnisses. Leider ist sie meist oberflächlich verfasst und damit nicht sehr aussagekräftig. Es lohnt sich also allemal, Verbesserungen vorzuschlagen. Bei der Optimierung Ihrer Aufgabenbeschreibung können Sie mit dem geringsten Widerstand rechnen: Die Firmen zeigen sich hier üblicherweise entgegenkommend. Neben den einzelnen Punkten sollten Sie aber auch die Einleitung Ihrer Aufgabenbeschreibung überprüfen. Welche Formulierungen missverständlich und welche gelungen sind, erfahren Sie im Kapitel »Die Aufgabenbeschreibung – der Kern Ihres Arbeitszeugnisses« und anhand der Beispielzeugnisse.

Einzelne Leistungsbeurteilungen: Nachdem die Aufgaben beschrieben worden sind, werden Ihre Leistungen bewertet. Das geschieht mithilfe ausgeklügelter einzelner Leistungsbeurteilungen, bei denen meist zwischen den folgenden Aspekten unterschieden wird: Arbeitsmotivation, Arbeitsbefähigung, Fachwissen und Weiterbildung, Arbeitsweise und Arbeitserfolg. Eventuell kann es auch die Rubrik »Besondere Erfolge« geben, und wer Führungsverantwortung innehatte, wird in diesem Block auch Angaben zu seinem Führungsverhalten finden. Schwierigkeiten macht den meisten die Unterscheidung von Arbeitswille und Arbeitsbefähigung. Wenn Sie Arbeitsbefähigung jedoch mit Arbeitskönnen übersetzen, dann können Sie relativ leicht nachvollziehen, dass es zunächst um das Wollen und dann um das Können geht – und diese beiden Beschreibungen sind nicht immer deckungsgleich. So mancher will mehr, als er letztendlich kann. Damit Ihre einzelnen Leistungsbeurteilungen in allen genannten

Punkten überzeugen, haben wir in der Zusammenstellung »Formulierungen für einzelne Leistungsbeurteilungen« ab Seite 188 Dutzende von überzeugenden und kritischen Bewertungen aufgeführt.

Zusammenfassende Leistungsbeurteilung: Eine zusammenfassende Leistungsbeurteilung wie »Sie hat die ihr übertragenen Aufgaben stets zu unserer vollen Zufriedenheit erfüllt« hat wohl fast jeder Arbeitnehmer schon einmal gehört. Es handelt sich bei der zusammenfassenden Leistungsbeurteilung also um einen Schlüsselsatz, der in aller Kürze Auskunft über die Arbeitsleistung gibt. Dieser Schlüsselsatz sollte natürlich möglichst positiv sein. Was dabei zu beachten ist, zeigt Ihnen die Zusammenstellung »Formulierungen für zusammenfassende Leistungsbeurteilungen« ab Seite 212.

Sozialverhalten: Beim Sozialverhalten geht es nicht um Ihre Leistung, sondern um Ihr Verhalten gegenüber Firmenangehörigen wie Vorgesetzten und Mitarbeitern, aber auch um Ihr Verhalten gegenüber Außenstehenden, also insbesondere gegenüber Kunden und Geschäftspartnern. Da das Schlagwort Kundenorientierung mehr als nur ein Modewort ist, sollten die Angaben zu Ihrem Sozialverhalten überzeugen. Abgesehen von der generellen Beurteilung werden gelegentlich auch Besonderheiten im Sozialverhalten vermerkt. Beispielbeurteilungen zum Sozialverhalten finden Sie in der Zusammenstellung »Formulierungen für das Sozialverhalten« ab Seite 215.

Schlussformulierungen: Zu den Schlussformulierungen zählen der Kündigungsgrund, die sogenannte Dankes-Bedauerns-Formel und die Wünsche für die Zukunft. Für neue Arbeitgeber ist es wichtig zu wissen, warum Sie die alte Firma verlassen haben. Haben Sie selbst gekündigt, gab es eine betriebsbedingte Kündigung oder war das Arbeitsverhältnis von Anfang an befristet? Auch die Dankes-Bedauerns-Formel taucht in den meisten Arbeitszeugnissen auf. Man dankt Ihnen und bedauert Ihren Weggang, aber auch dabei gibt es feine Unterschiede, die Sie kennen sollten. Gleiches gilt für die Zukunftswünsche: Wünscht man Ihnen für die Zukunft - etwas hämisch - »Glück« oder vielmehr »weiterhin viel Erfolg«? In der Übersicht »Schlussformulierungen« am Ende dieses Ratgebers ab Seite 222 erläutern wir Ihnen die Feinheiten, die es hier zu beachten gilt.

Wichtig: Warum haben Sie die Firma verlassen?

Idealfall: Ausstellungsdatum gleich Austrittsdatum

Ort und Datum: Der Ausstellungsort und das korrekte Datum gehören ebenfalls zu den formalen Aspekten des Arbeitszeugnisses. Das Tagesdatum sollte im Idealfall dem Austrittsdatum entsprechen. Es kommt aber nicht selten vor, dass Zeugnisse erst nach langem Hin und Her mit einer mehrmonatigen Verspätung ausgestellt werden. Auch in diesem Fall sollten Sie darauf bestehen, dass das Ausstellungsdatum und das Austrittsdatum übereinstimmen. So vermeiden Sie unnötige Spekulationen darüber, ob es womöglich einen Prozess vor dem Arbeitsgericht gegeben hat und Ihr Zeugnis deswegen erst so spät ausgestellt worden ist. Ob Ort und Datum am Anfang oder am Ende des Zeugnisses aufgeführt werden, spielt keine Rolle.

Die Ansprüche steigen, wenn ein Personalentscheider unterschreibt

Zuständiger Zeugnisaussteller: Es gilt die Regel, dass Arbeitszeugnisse von einem in der betrieblichen Hierarchie höherstehenden Mitarbeiter unterzeichnet werden müssen. Es ist also problematisch, wenn der Außendienstmitarbeiter Nord das Zeugnis des Außendienstmitarbeiters West unterzeichnet - in diesem Beispiel wäre das die Aufgabe des Vertriebsleiters. Oft unterschreiben sowohl der Fachvorgesetzte als auch jemand aus der Personalabteilung. Diese doppelten Unterschriften steigern die Glaubwürdigkeit des Zeugnisses. Aber Achtung: Wenn Personalverantwortliche mit unterschrieben haben, steigen die Ansprüche an das Zeugnis. Denn in diesem Fall unterstellen andere Personalentscheider, dass der Profi aus der Personalabteilung genau weiß, was er Außenstehenden über die beurteilte Person mitteilt und mitteilen möchte.

Die theoretischen Grundlagen von Arbeitszeugnissen kennen Sie nun. Im folgenden Kapitel wechseln wir vollständig zur Praxis. Wir stellen Ihnen fehlerhafte, missverständliche oder zu knappe Zeugnisse aus den verschiedensten Berufsbranchen vor, die wir ausführlich kommentieren. Anschließend werden wir die Zeugnisse in einer verbesserten Version zeigen. Profitieren Sie von den Fehlern anderer, lernen Sie, die Feinheiten der Zeugnissprache zu durchschauen, und nutzen Sie Ihr neues Wissen, um Ihre eigenen Arbeitszeugnisse optimal zu gestalten.

4. Beispielzeugnisse aus der Praxis

Im Folgenden haben wir für Sie 60 Beispielzeugnisse zusammengestellt. Wir zeigen Ihnen zuerst ein unvorteilhaftes Zeugnis und kommentieren, was daran problematisch ist. Im Anschluss präsentieren wir Ihnen dann eine überarbeitete Version des Zeugnisses und erläutern, worin genau die Verbesserungen liegen.

Einsteigen in diesen Beispielteil möchten wir jedoch mit einem Beispielzeugnis, das den geforderten Standards entspricht und alle relevanten Formalien enthält, und mit einer Checkliste für den besseren Überblick. Nutzen Sie beides als Vorlage dafür, wie Zeugnisse in der Regel aufgebaut sind, was die zentralen Blöcke sind und wie sie aufeinander folgen. Für das bessere Verständnis haben wir neben den einzelnen Formulierungen in Klammern eingefügt, um welches Element es sich jeweils handelt.

BEISPIEL

Vertriebs GmbH (Firmenbriefkopf)

Halbergstraße 98-100
66121 Saarbrücken
Tel. 06 81 / 966 – 66 55
Fax 06 81 / 966 – 66 33
info@vertriebs-gmbh.net
www.vertriebs-gmbh.net

ZEUGNIS (Überschrift)

Frau Milena Golmen, geboren am 02. Februar 1977 in Augsburg, war seit dem 01. April 2009 als Mitarbeiterin Verkauf im Bereich Verkaufsunterstützung in unserer Geschäftsstelle München-Süd IV tätig. (Einleitung)

Im Einzelnen gehörten zu ihren Aufgaben: (Aufgabenbeschreibung)
- Planung und Durchführung von Kundenveranstaltungen
- Mitarbeit an Konzepten zur Neukundengewinnung (Clubkarte)
- Organisation und Auswertung von internen Wettbewerben
- Zusammenarbeit mit Werbeagenturen, um Agenturbroschüren zu erstellen
- Durchführung und Auswertung von Wettbewerberanalysen
- regelmäßige Mitarbeit in der Arbeitsgruppe Optimierung von Verkauf und Marketing

Frau Golmen verfügte über eine stets gute Leistungsbereitschaft (Arbeitswille), und sie beherrschte ihr Aufgabengebiet in jeder Hinsicht gut (Arbeitsbefähigung). Sie war eine sachkundige und vielseitig einsetzbare Mitarbeiterin (Fachwissen) und zeichnete sich stets durch einen sorgfältigen und effizienten Arbeitsstil aus (Arbeitsweise). Ihre Arbeitsergebnisse waren immer von guter Qualität (Arbeitserfolg). An ihrer Mitarbeit sind ihr Organisationstalent, ihre Selbstständigkeit und ihr Teamgeist hervorzuheben (besondere Erfolge). Insgesamt haben ihre Leistungen stets in bester Weise unseren Erwartungen entsprochen (zusammenfassende Leistungsbeurteilung).

Ihr Verhalten gegenüber Vorgesetzten, Mitarbeitern und Geschäftspartnern war jederzeit gut (Sozialverhalten intern und extern). Die Interessen der Firma hatten für Frau Golmen jederzeit hohe Priorität (Besonderheiten im Sozialverhalten).

Frau Golmen scheidet zum 30. September 2019 auf eigenen Wunsch aus unserem Unternehmen aus (Kündigungsgrund). Es ist uns ein Anliegen, ihr für ihre stets guten Leistungen zu danken (Dank). Wir verlieren mit ihr eine außerordentlich tüchtige Mitarbeiterin, was wir bedauern (Bedauern). Wir wünschen dieser engagierten Mitarbeiterin auf ihrem weiteren Lebensweg alles Gute und weiterhin viel Erfolg (Zukunftswünsche).

München, 30. September 2019 (Ort und Datum)

Martina Wiese
Geschäftsführerin München-Süd IV
(Zuständige Zeugnisausstellerin)

Checkliste für den Aufbau von Arbeitszeugnissen

CHECKLISTE

- ◯ Ist das Zeugnis auf dem üblichen Firmenbriefpapier erstellt worden?
- ◯ Lautet die Überschrift Zeugnis oder Arbeitszeugnis (gegebenenfalls Zwischenzeugnis, Trainee-Zeugnis oder Ausbildungszeugnis)?
- ◯ Werden im Einleitungsabsatz Vor- und Zuname des Beurteilten genannt?
- ◯ Werden Geburtsdatum und Geburtsort aufgeführt (keine Rechtspflicht)?
- ◯ Sind Eintritts- und Austrittsdatum korrekt?
- ◯ Wird die berufliche Position des Beurteilten genannt?
- ◯ Ist die Überschrift der Aufgabenbeschreibung in Ordnung?
- ◯ Ist die Aufgabenbeschreibung umfangreich und aussagekräftig genug?
- ◯ Gibt es im Block einzelne Leistungsbeurteilungen Angaben über
  - den Arbeitswillen,
  - die Arbeitsbefähigung,
  - das Fachwissen und Weiterbildungen,
  - die Arbeitsweise,
  - den Arbeitserfolg,
  - besondere herausragende Erfolge?
- ◯ Wird eine zusammenfassende Leistungsbeurteilung abgegeben?
- ◯ Wenn es sich um eine Führungsposition handelt: Werden die Führungsleistungen bewertet?

→ FORTSETZUNG AUF DER NÄCHSTEN SEITE

- ◯ Werden Angaben zum Sozialverhalten, also zum Verhalten gegenüber Vorgesetzten und Mitarbeitern, gemacht?
- ◯ Wenn der Beurteilte Kundenkontakt hatte: Wird der Umgang mit Kunden bewertet?
- ◯ Werden – gegebenenfalls – positive Besonderheiten im Sozialverhalten vermerkt?
- ◯ Wird im Schlussabsatz der Kündigungsgrund genannt?
- ◯ Taucht die Dankes-Bedauerns-Formel auf (kein Rechtsanspruch)?
- ◯ Werden gute Wünsche für die weitere Zukunft ausgesprochen (kein Rechtsanspruch)?
- ◯ Werden Ausstellungsort und -datum genannt?
- ◯ Hat der zuständige Zeugnisaussteller (Fachvorgesetzter und/oder Personalverantwortlicher) unterschrieben?

Beispiel 1: Zeugnis Disponent

ZEUGNIS

Herr Fabian Lenz, geboren am 01.01.1963 in Ingolstadt, hatte vom 01.04.2018 bis zum 31.03.2019 in unserem Unternehmen ein befristetes Arbeitsverhältnis inne.

Aufgaben:
- Koordinationsaufgaben
- Dispositionsaufgaben
- die Zentraldisposition im Fernverkehr
- Terminüberwachung
- die Lagerdisposition
- die Fakturierung von Serviceleistungen

Die Leistungs- und Arbeitsbereitschaft von Herrn Lenz waren stets gut. Er arbeitete stets selbstständig. Hervorzuheben ist sein pädagogisches Geschick im Umgang mit Kollegen. Er war für uns im Großen und Ganzen ein wertvoller Mitarbeiter, der die ihm übertragenen Herausforderungen interessiert bewältigte.

Sein Verhalten war zufriedenstellend.

Das befristete Arbeitsverhältnis endet mit dem heutigen Tage durch Ablauf der vereinbarten Frist.

Ingolstadt, 31.03.2019

Speditions AG

Hans Mungel
Abteilungsleiter Logistik

Passive und unpersönliche Einleitung

Herr Fabian Lenz hat als Disponent bei der Speditions AG im Rahmen eines befristeten Beschäftigungsverhältnisses gearbeitet. Die Firma hat ihm kurz vor Ablauf einen neuen, unbefristeten Vertrag angeboten - leider aber zu Konditionen, die für Herrn Lenz nicht tragbar waren. Daher hat er sich bei einer anderen Firma beworben, und das mit Erfolg. Nun drängt sich in diesem Beispiel der Eindruck auf, dass der alte Arbeitgeber seine Enttäuschung über die Ablehnung durch Herrn Lenz im Arbeitszeugnis zum Ausdruck gebracht hat.

Ein professioneller Leser dieses Zeugnisses wird schon im Einleitungsabsatz über die passive Formel »hatte ... ein Arbeitsverhältnis« inne stolpern. Dies ist eine klare Abwertung. Es wäre besser gewesen, die aktivere Formulierung »war ... für uns tätig« zu verwenden. Der erste Schnitzer lässt den Leser wachsam werden, und wenn jetzt noch weitere hinzukommen, wird der schlechte Gesamteindruck schnell verfestigt. Und tatsächlich: In der Einleitung zur Aufgabenbeschreibung heißt es einfach nur »Aufgaben«. Auch dies ist ein Hinweis darauf, dass man mit Herrn Lenz nicht zufrieden gewesen ist. Denn diese knappe Überschrift heißt übersetzt: Nun kommen die Aufgaben, die Herr Lenz eigentlich hätte bewältigen müssen, aber das konnte er nicht. Besser wäre deswegen eine persönlichere Einleitung gewesen, wie etwa »Er war unter anderem verantwortlich für ...«

Die Aufgabenbeschreibung ist zu oberflächlich

In fast jedem Arbeitszeugnis kommt die eigentliche Aufgabenbeschreibung zu kurz. Das ist schade, denn gerade in diesem Punkt zeigen sich Arbeitgeber in der Regel entgegenkommend. Oft wissen die Fachvorgesetzten oder zuständigen Personalverantwortlichen einfach nicht genau, welche Aufgaben in der Position ausgeübt wurden. Es kann aber auch passieren, dass man einem kündigenden Arbeitnehmer einen Denkzettel verpassen will - und so ist es auch in diesem Fall: Die Beschreibungen »Koordinationsaufgaben, Dispositionsaufgaben, Terminüberwachung« und »Lagerdisposition« sind viel zu knapp und oberflächlich gehalten. Die Aufgaben hätten präziser dargestellt werden müssen.

Die Leistungen von Herrn Lenz werden widersprüchlich beurteilt

In den einzelnen Leistungsbeurteilungen reicht das Bewertungsspektrum in diesem Zeugnis von der Note 5 bis zur Note 2. Einerseits werden die Arbeitsbereitschaft und die Arbeitsweise als gut beurteilt, andererseits tauchen Formulierungen wie im »Großen und Ganzen« und »interessiert bewältigte« auf, die eindeutig mangelhafte Leistungen beschreiben. Auch das Sozialverhalten wird mit dem Satz »Sein Verhalten war zufriedenstellend« lediglich mit der Note 4 bewertet. Ein Dank für die geleistete Arbeit, das Bedauern über den Weggang von Herrn Lenz und gute Zukunftswünsche fehlen völlig.

Es wimmelt nur so von Widersprüchen und Ungereimtheiten. Dieses Zeugnis sollte Herr Lenz auf keinen Fall so akzeptieren!

ZEUGNIS

Herr Fabian Lenz, geboren am 01.01.1963 in Ingolstadt, war vom 01.04.2018 bis zum 31.03.2019 als Disponent in unserem Unternehmen im Rahmen eines befristeten Arbeitsverhältnisses tätig.

Er war unter anderem verantwortlich für:
- die Koordination der Transportabläufe
- die tägliche Disposition der Unternehmensfahrzeuge
- die Zentraldisposition im Fernverkehr
- die Terminvergabe und -verfolgung
- die Disposition der Läger in externen Produktionsstätten
- die Fakturierung von Serviceleistungen unter SAP R/3

Die Leistungs- und Arbeitsbereitschaft von Herrn Lenz waren stets gut. Er setzte seine umfassende Erfahrung und sein solides Fachwissen jederzeit erfolgreich in seinem Arbeitsgebiet ein. Er arbeitete stets selbstständig und mit großer Genauigkeit. Dabei lieferte er durchgängig eine überdurchschnittliche Arbeitsqualität. Hervorzuheben ist sein pädagogisches Geschick bei der Einarbeitung neuer Kollegen und der Betreuung von Auszubildenden. Er war für uns ein wertvoller Mitarbeiter, der die ihm übertragenen Aufgaben stets zu unserer vollen Zufriedenheit erfüllte.

Sein Verhalten gegenüber Vorgesetzten und Kollegen war immer gut. Auch in seinem Umgang mit unseren Kunden und Geschäftspartnern zeigte er sich stets als umsichtiger und freundlicher Verhandlungspartner.

Das befristete Arbeitsverhältnis endet mit dem heutigen Tage durch Ablauf der vereinbarten Frist. Wir danken Herrn Lenz für die stets gute Zusammenarbeit und bedauern seinen Weggang. Wir wünschen ihm für den weiteren Berufs- und Lebensweg in jeder Hinsicht alles Gute und weiterhin viel Erfolg.

Ingolstadt, 31.03.2019

Speditions AG

Hans Mungel
Abteilungsleiter Logistik

In der verbesserten Version überzeugt der Einleitungsabsatz: Nicht nur die aktive Formulierung »war … tätig« taucht auf, auch die Stellenbezeichnung »Disponent« ist nun im Zeugnis enthalten. In der schlechten Version hingegen wusste man gar nicht, in welcher Position Herr Lenz im Unternehmen überhaupt gearbeitet hat.

Wichtiger Hinweis auf EDV-Kenntnisse

Eigentlich sind es nur Kleinigkeiten, die in der Aufgabenbeschreibung geändert wurden. Da es aber viele Kleinigkeiten sind, ist die Wirkung im Endeffekt groß. Fast jeder der Aufzählungspunkte wurde ergänzt. Dies macht das Zeugnis für Außenstehende viel verständlicher. So heißt es nicht mehr bloß »Koordinationsaufgaben« oder »Dispositionsaufgaben«, sondern »Koordination der Transportabläufe« und »tägliche Disposition der Unternehmensfahrzeuge«. Auch am letzten Punkt »Fakturierung von Serviceleistungen« wurde eine kleine, aber feine Veränderung vorgenommen: Nun steht dort nämlich »Fakturierung von Serviceleistungen unter SAP R/3«, und die Kenntnisse von Herrn Lenz in SAP R/3 bedeuten einen echten Gewinn für künftige Arbeitgeber und sollten deshalb unbedingt erwähnt werden.

Schlechte Noten müssen vom Arbeitgeber belegt werden

Herr Lenz hat sich bei der Geschäftsführung Unterstützung geholt, um seinen ehemaligen Chef, den Abteilungsleiter Logistik Herrn Mungel, davon zu überzeugen, dass die schlechten Bewertungen so nicht gerechtfertigt waren. Seine Argumente haben letztendlich überzeugt, schließlich muss eine Firma im Zeugnis alles belegen und beweisen können, was schlechter als die Note 3 ist. Und diese Belege gibt es nicht. Im Gegenteil, Herr Lenz hat durchgängig gut gearbeitet, was auch die Kollegen und die betreuten Speditionen bestätigen könnten. Daher entsprechen die einzelnen Leistungsbeurteilungen nun der Note 2.

Besonderes Engagement wird gewürdigt

Sogar sein Engagement im Hinblick auf neue Kollegen und Auszubildende wird mit dem Satz »Hervorzuheben ist sein pädagogisches Geschick bei der Einarbeitung neuer Kollegen und der Betreuung von Auszubildenden« nun gewürdigt. Dementsprechend kann die zusammenfassende Leistungsbeurteilung auch nur »Er war für uns ein wertvoller Mitarbeiter, der die ihm übertragenen Aufgaben stets zu unserer vollen Zufriedenheit erfüllte« lauten, was ebenfalls der Note gut entspricht. Auch das Sozialverhalten ist nun korrekt bewertet, und im Schlussabsatz sind sowohl die Dankes-Bedauerns-Formel als auch die guten Wünsche für die Zukunft enthalten.

Die Ausgangsposition von Herrn Lenz war durchaus schwierig. Glücklicherweise hat er beharrlich seinen Standpunkt vertreten und von sich aus Unterstützer in der alten Firma gesucht. Das verbesserte und nun gute Zeugnis ist der verdiente Dank für seine Mühen.

Beispiel 2: Zeugnis Verkaufsassistentin

ZEUGNIS

Frau Jasmin Ladewig, geboren am 30. August 1986 in Bonn, war in unserem Unternehmen vom 01. Januar 2014 bis zum 31. Dezember 2019 in der Abteilung Marketing & Verkauf eingesetzt.

Sie hat die Aufgaben einer Assistentin ausgefüllt.

Ihr Aufgabengebiet umfasste folgende Tätigkeiten:
- Dateneingabe
- Aufbereitung statistischer Daten
- Überprüfung statistischer Daten
- Präsentation statistischer Daten
- Produktpräsentationen
- Statistik
- Anzeigenschaltung
- Aktualisierung von Daten

Frau Ladewig ist eine engagierte Mitarbeiterin mit überdurchschnittlicher Eigeninitiative. Sie arbeitete sich schnell und erfolgreich in neue Aufgabenstellungen ein. Sie verfügt über ein äußerst solides Fachwissen. Frau Ladewig arbeitete selbstständig und jederzeit zuverlässig. Sie begeisterte sich dafür, die ihr übertragenen Aufgaben stets zu unserer vollen Zufriedenheit zu lösen.

Ihr Verhalten gegenüber Vorgesetzten, Kollegen und Kunden war jederzeit gut.

Frau Ladewig verlässt uns auf eigenen Wunsch. Wir bedauern diese Entscheidung, da wir eine wertvolle Mitarbeiterin verlieren, und danken ihr für die stets erfolgreich geleistete Arbeit.

Köln, 31. Dezember 2019

i. A. R. Goos
Assistentin Human Resources

Frau Jasmin Ladewig hat sich aus ihrer Stelle heraus auf einen neuen Arbeitsplatz beworben, da sie fand, dass es nach vier Jahren in der gleichen Position wieder einmal Zeit für eine neue Herausforderung sei. Nun hält sie ihr Arbeitszeugnis in den Händen und ist entsetzt, denn die neue Assistentin in der Personalabteilung hat ihrer Meinung nach die Arbeitsaufgaben völlig falsch dargestellt. Und auch die Bewertungen kommen Frau Ladewig auf den zweiten Blick irgendwie merkwürdig vor.

Die genaue Positionsbezeichnung fehlt

Das ungute Gefühl trügt Frau Ladewig nicht. Schon im Einleitungsabsatz wird passiv formuliert: »war ... eingesetzt«. Dieser Satz wird in Arbeitszeugnissen grundsätzlich negativ gedeutet - insbesondere dann, wenn noch weitere Ungereimtheiten auftauchen. Da auch ihre korrekte Positionsbezeichnung »Verkaufsassistentin« nicht aufgeführt ist, läuft das Zeugnis bereits an dieser Stelle aus dem Ruder. Da hilft es auch nicht, wenn es einen Absatz später heißt »Sie hat die Aufgaben einer Assistentin ausgefüllt«. Denn zum einen bleibt unklar, in welchem Bereich sie als Assistentin gearbeitet hat, und zum anderen ist die Formulierung »hat ... ausgefüllt« eine weitere Abwertung, weil es sich erneut um eine Passivformulierung handelt.

Sekundäre Tätigkeit an erster Stelle der Aufgabenbeschreibung

Die Aufgabenbeschreibung beginnt kritisch, denn die wichtige erste Tätigkeit lautet »Dateneingabe«. Für eine Verkaufsassistentin mutet das merkwürdig an. Aber auch in den folgenden Zeilen geht es nur um Daten: nämlich um die »Aufbereitung von Daten«, »Überprüfung statistischer Daten«, »Präsentation statistischer Daten« und am Ende um die »Aktualisierung von Daten«. Diese Art der Aufgabenbeschreibung würde vielleicht noch zu einer Assistentin in der EDV-Abteilung passen, aber keinesfalls zu einer Verkaufsassistentin. Man bekommt den Eindruck, dass hier eine ungeliebte Mitarbeiterin aus dem Verkauf mit unangenehmen Aufgaben kaltgestellt werden sollte, damit sie am Ende »freiwillig« geht.

Begeisterung im Zeugnis heißt nichts Gutes

In der zusammenfassenden Leistungsbeurteilung heißt es: »Sie begeisterte sich dafür, die ihr übertragenen Aufgaben stets zu unserer vollen Zufriedenheit zu lösen«. Diese Beurteilung entspricht allerdings - trotz der Beschreibung »stets zu unserer vollen Zufriedenheit« - nicht der Note 2. Im Gegenteil, immer wenn das Wort Begeisterung in Zeugnissen auftaucht, horchen Profileser auf, denn Begeisterung bedeutet übersetzt immer »er/sie wollte vieles gerne, konnte aber nichts richtig«. Auch wenn die Personalassistentin hier vielleicht unabsichtlich einen Fehler gemacht hat, sollte diese schlechte Bewertung geändert werden.

Weder das Aufgabenprofil noch die Bewertungen entsprechen auch nur ansatzweise den tatsächlichen Leistungen von Frau Ladewig. Das Zeugnis muss grundlegend überarbeitet werden.

ZEUGNIS

Frau Jasmin Ladewig, geboren am 30. August 1986 in Bonn, war vom 01. Januar 2014 bis zum 31. Dezember 2019) in unserem Unternehmen als Verkaufsassistentin in der Abteilung Marketing & Verkauf tätig.

Ihr Aufgabengebiet umfasste folgende Tätigkeiten:

- Planung, Organisation und Realisierung von Promotion-Veranstaltungen
- Produktpräsentationen auf Kongressen und Messen
- Anzeigenschaltung in der Fachpresse
- Betreuung und Information der Fachpresse/PR
- Aktualisierung der Kataloge und Werbeträger
- Aufbereitung statistischer Daten
- Entwicklung und Umsetzung von Direktmarketing-Aktionen

Frau Ladewig ist eine engagierte Mitarbeiterin mit überdurchschnittlicher Eigeninitiative. Sie arbeitete sich aufgrund ihrer guten Auffassungsgabe immer wieder schnell und erfolgreich in neue Aufgabenstellungen ein. Sie verfügt über ein äußerst solides Fachwissen und hat die vom Unternehmen angebotenen Möglichkeiten der Weiterbildung stets mit sehr gutem Erfolg genutzt. Frau Ladewig arbeitete stets sicher und selbstständig und auch unter hoher Belastung jederzeit zuverlässig und genau. Besonders hervorzuheben sind ihre ausgezeichneten EDV-Kenntnisse. Sie erstellte spezielle Tools für die Auswertung der statistischen Daten und war in der Abteilung eine gesuchte Ansprechpartnerin bei Problemlösungen. Die ihr übertragenen Aufgaben hat sie stets gewissenhaft zu unserer vollsten Zufriedenheit ausgeführt.

Ihr Verhalten gegenüber Vorgesetzten und Kollegen war jederzeit sehr gut. Sie trug stets zu einer guten und teamorientierten Zusammenarbeit bei. Aufgrund ihrer serviceorientierten Haltung und ihrer freundlichen Art ist sie mit unseren Kunden stets gut zurechtgekommen.

Frau Ladewig verlässt uns auf eigenen Wunsch, um in einem anderen Unternehmen eine weiterführende Aufgabe zu übernehmen. Wir bedauern diese Entscheidung, da wir eine wertvolle Mitarbeiterin verlieren, danken ihr für die stets erfolgreich geleistete Arbeit und wünschen ihr für die Zukunft weiterhin viel Erfolg und persönlich alles Gute.

Köln, 31. Dezember 2019

i. V. M. Kuthe

Leiter Marketing & Verkauf

In der überarbeiteten Version sieht das Zeugnis schon ganz anders aus. Bereits der Einleitungsabsatz ist mit der aktiven Formulierung »war ... tätig« jetzt korrekt. Und auch die richtige

Positionsbezeichnung »Verkaufsassistentin« springt dem Leser gleich ins Auge.

Vielseitiges Profil durch ein breites Aufgabengebiet

Die Aufgabenbeschreibung ist komplett überarbeitet worden. Frau Ladewig hat der Personalassistentin einen eigenen Entwurf präsentiert, den sie vorher mit dem Leiter Marketing & Verkauf, Herrn Kuthe, abgestimmt hat. Daher werden jetzt auch die richtigen Aufgaben genannt. Es fallen wichtige Schlagworte wie beispielsweise »Promotion-Veranstaltungen«, »Produktpräsentationen«, »Anzeigenschaltung«, »Betreuung der Fachpresse« und »Aktualisierung der Kataloge«. Auch die guten Statistikkenntnisse werden aufgeführt – allerdings nur am Rande, denn sie bestimmen nicht das berufliche Profil von Frau Ladewig, sondern ergänzen es lediglich.

Besondere Erfolge werden gewürdigt

Die einzelnen Leistungsbeurteilungen sind diesmal ausführlich und beziehen sich sehr konkret auf Frau Ladewig. Hier wird nicht oberflächlich schwadroniert, stattdessen werden die Dinge erwähnt, die einen konkreten Bezug zum Berufsfeld haben. Nicht nur die »überdurchschnittliche Eigeninitiative« und die »gute Auffassungsgabe« werden erwähnt, auch das »äußerst solide Fachwissen«, die Bereitschaft zur »Weiterbildung« und die »sichere und selbstständige Arbeitsweise« finden Eingang ins Zeugnis. Als besonderer Erfolg werden die ausgezeichneten EDV-Kenntnisse und die speziellen Tools für die Auswertung der statistischen Daten hervorgehoben. Frau Ladewig ist also tatsächlich eine Statistikexpertin – aber vorrangig eine erstklassige Verkaufsassistentin!

Die Kundenorientierung wird hervorgehoben

Bei der Beschreibung des Sozialverhaltens kann Frau Ladewig noch einen weiteren wichtigen Zusatzpunkt einheimsen: Gerade für Mitarbeiterinnen und Mitarbeiter im Verkauf ist die Fähigkeit zum kundenorientierten Arbeiten außerordentlich wichtig. Und diese Vorgabe erfüllt sie hervorragend, was ihr Herr Kuthe mit dem Satz »Aufgrund ihrer serviceorientierten Haltung und ihrer freundlichen Art ist sie mit unseren Kunden stets gut zurechtgekommen« im Zeugnis bestätigt. Dieser Zusatz wird ihr bei späteren Bewerbungen sehr hilfreich sein.

Es kann schon einmal passieren, dass man ein Zeugnis bekommt, in dem eigentlich nur der Vor- und der Zuname und das Geburtsdatum Indizien dafür sind, dass man selbst tatsächlich die beurteilte Person ist. Dann ist es umso wichtiger, einen gelungenen Gegenentwurf anzubieten und sich dafür einzusetzen, dass dieser Entwurf auch umgesetzt wird. Das hat sich für Frau Ladewig in jedem Fall gelohnt.

Beispiel 3: Zeugnis Einkäufer

Arbeitszeugnis

Herr Thomas Cornelius, geb. am 12.12.1988 in Göttingen, trat am 1. Februar 2013 als Einkaufssachbearbeiter im Bereich Veranstaltungs- und Kongressmanagement in unser Unternehmen ein.
Im Rahmen seiner Tätigkeit hat Herr Cornelius folgende Aufgaben kennen gelernt:

- Buchung und Pflege,
- Rechnungseingang,
- Vorlage von Mängelbescheiden,
- Auftragsvorbereitung,
- Kostenkalkulation,
- Lieferantenauswahl,
- Terminvorbereitung.

Herr Cornelius hat sich aufgrund seiner schnellen Auffassungsgabe in kürzester Zeit in neue Aufgaben eingearbeitet. Er verfügt über solides Fachwissen und hat die vom Unternehmen gebotenen Möglichkeiten der beruflichen Weiterbildung genutzt. Herr Cornelius arbeitete sehr effizient. Seine Arbeitsergebnisse waren stets von guter Qualität. Die ihm übertragenen Aufgaben erledigte er befriedigend.

Wegen seiner freundlichen Art war er bei Kollegen, Geschäftspartnern und Lieferanten gleichermaßen beliebt.

Herr Cornelius verlässt uns auf eigenen Wunsch, um sich finanziell zu verbessern. Wir bedanken uns bei Herrn Cornelius für seine Zusammenarbeit. Wir wünschen ihm alles Gute.

Kassel, 24. Dezember 2019

Christian Schenk
Personalleiter

Herr Thomas Cornelius hat seine Mitarbeit als Einkaufssachbearbeiter nach sechs Jahren aufgekündigt. In den ersten fünf Jahren lief alles gut, aber dann kam der neue Vorgesetzte, mit dem es leider häufig Probleme gab. Nun hofft Herr Cornelius, dass sich die Streitigkeiten nicht im Arbeitszeugnis niederschlagen. Ein gutes Gefühl hat er allerdings nicht, als er sein Zeugnis bekommt.

Herr Cornelius täuscht sich leider nicht, denn der neue Chef hat eine konstruktive Mitarbeit am Zeugnis verweigert. Deshalb musste der Personalleiter, Herr Schenk, das Arbeitszeugnis allein ausstellen, was an der Unterschrift am Ende deutlich wird. Das ist schon ein erstes Indiz dafür, dass es mit dem (neuen) Vorgesetzten von Herrn Cornelius allem Anschein nach Probleme gegeben hat. Springt ein professioneller Leser nun gleich zum Sozialverhalten, bestätigt sich die Vermutung. Dort heißt es: »Wegen seiner freundlichen Art war er bei Kollegen, Geschäftspartnern und Lieferanten gleichermaßen beliebt.« Der Hinweis auf das Verhalten gegenüber dem Vorgesetzten fehlt, was ein Personalprofi negativ bewerten wird. Darüber hinaus ist es immer ungünstig, wenn Mitarbeiter bloß beliebt waren. Für einen Einkäufer könnte dies auch bedeuten, dass er stets zu hohe Preise akzeptiert hat, um sich nicht unbeliebt zu machen. Mit anderen Worten: Er hat schlecht gearbeitet.

Zwischen den Zeilen lässt sich Ärger mit dem Vorgesetzten herauslesen

Zurück zum Anfang: Der Einleitungsabsatz scheint auf den ersten Blick fehlerlos zu sein. Das Eintrittsdatum und die Positionsbezeichnung sind korrekt. Allerdings fehlt das Austrittsdatum, und es wird auch nicht im Schlussabsatz genannt. Ganz im Gegenteil, das Ausstellungsdatum vor der Unterschrift lautet »Kassel, 24. Dezember 2019«. Dies ist ein indirekter Hinweis auf eine fristlose Kündigung. Es sieht so aus, als ob Herr Cornelius und sein Chef in der stressigen Vorweihnachtszeit so heftig miteinander in Streit geraten sind, dass dem Mitarbeiter zum Weihnachtsfest (!) gekündigt wurde. Dies drückt dann ganz offensichtlich keine Wertschätzung aus, sondern ist vielmehr der Versuch, einen (langjährigen) Mitarbeiter persönlich fertigzumachen.

Das Austrittsdatum fehlt

Auch die Aufgabenbeschreibung verheißt nichts Gutes. Pro Aufzählungspunkt wird meist nur ein mageres Wort genannt. Besonders gravierend: Der erste Aufzählungspunkt lautet »Buchung und Pflege«. Das ist eine eindeutige Abwertung, da Herr Cornelius als Einkäufer und nicht als Hilfskraft in der Buchung gearbeitet hat. Auch bei der Aufgabenbeschreibung kommt man ins Grübeln. Die einzelnen Leistungsbeurteilungen entsprechen der Note gut, aber die zusammenfassende Leistungsbeurteilung ist nur ausreichend. Was soll das?

Unwichtiges steht vor Wichtigem

Hier scheint es richtig gekracht zu haben zwischen dem neuen Chef und dem Mitarbeiter. Das darf aber nicht allein zulasten des Mitarbeiters gehen. Das Zeugnis muss verbessert werden.

Arbeitszeugnis

Herr Thomas Cornelius, geb. am 12.12.1988 in Göttingen, trat am 1. Februar 2013 als Einkaufssachbearbeiter im Bereich Veranstaltungs- und Kongressmanagement in unser Unternehmen ein.
Im Rahmen seiner Tätigkeit hat Herr Cornelius folgende Aufgaben ausgeführt:

- Kostenkalkulation und Angebotseinholung
- Lieferantenauswahl und Verhandlung der Konditionen
- Auftragserteilung und -erstellung
- Rechnungsüberwachung und -kontrolle
- Erstellung von Mängelbescheiden
- Terminabstimmung und -verfolgung
- Buchung und Pflege im System (SAP R/3)
- Information der Produktmanager, Regionalleiter und Außendienstmitarbeiter über die laufenden Veranstaltungen und Aktivitäten

Herr Cornelius verfügte stets über eine gute Leistungsbereitschaft und hat sich aufgrund seiner schnellen Auffassungsgabe in kürzester Zeit sicher in neue Aufgaben eingearbeitet. Er verfügt über solides Fachwissen und hat die vom Unternehmen gebotenen Möglichkeiten der beruflichen Weiterbildung mit gutem Erfolg und zu unserem Vorteil genutzt. Herr Cornelius arbeitete sehr selbstständig, kostenbewusst und effizient. Seine Arbeitsergebnisse waren stets von guter Qualität. Die ihm übertragenen Aufgaben erledigte er stets zu unserer vollen Zufriedenheit.

Wegen seiner freundlichen und kooperativen Art war er bei Vorgesetzten, Kollegen, Geschäftspartnern und Lieferanten gleichermaßen geschätzt und beliebt.

Herr Cornelius verlässt unser Unternehmen mit dem heutigen Tag auf eigenen Wunsch. Wir bedauern dies und danken ihm für seine stets guten Leistungen sehr. Für seinen weiteren Berufs- und Lebensweg wünschen wir ihm alles Gute und weiterhin Erfolg.

Kassel, 31. Dezember 2019

Simon Stefan — *Christian Schenk*
Leiter Einkauf — Personalleiter

Überzeugendes berufliches Profil

Na also, es geht doch! Allein schon die Aufgabenbeschreibung ist im überarbeiteten Zeugnis überzeugend. Nun wird deutlich, dass Herr Cornelius unter anderem für die »Kostenkalkulation und Angebotseinholung«, die »Lieferantenauswahl und Verhandlung der Konditionen und die Auftragserteilung und -erstellung«

zuständig war. Er hatte im Rahmen seiner Position echte Gestaltungs- und insbesondere Verantwortungsspielräume. Und aus dem in der negativen Version kritisierten Punkt »Buchung und Pflege« wird nun ein überzeugendes »Buchung und Pflege im System (SAP R/3)«. In diesem guten beruflichen Profil erkennt sich Herr Cornelius wieder.

Die Leistungsbeurteilungen sind stimmig und konsequent

Die einzelnen Leistungsbeurteilungen sind auf die Arbeit eines erfolgreichen Einkäufers zugeschnitten. So wird die »schnelle Auffassungsgabe« beschrieben, aber auch ein »solides Fachwissen« und die Bereitschaft zur »beruflichen Weiterbildung mit gutem Erfolg und zu unserem Vorteil«. Positiv fällt ebenfalls die Arbeitsweise von Herrn Cornelius auf, die als »selbstständig, kostenbewusst und effizient« dargestellt wird. Entsprechend gut waren auch die Arbeitserfolge, was in dem Satz »Seine Arbeitsergebnisse waren stets von guter Qualität« zum Ausdruck kommt. Da die einzelnen Leistungsbeurteilungen durchgängig gut sind, muss auch die zusammenfassende Leistungsbeurteilung gut ausfallen. Dementsprechend lautet die korrekte Zusammenfassung nun auch: »Die ihm übertragenen Aufgaben erledigte er stets zu unserer vollen Zufriedenheit« - was übersetzt heißt: Note 2!

Gutes Sozialverhalten: umgänglich und geschätzt

Nun wird auch der Vorgesetzte in der Beurteilung des Sozialverhaltens von Herrn Cornelius erwähnt, und zwar in der richtigen Reihenfolge: nämlich an erster Stelle. Herr Cornelius wird nicht mehr allein als »freundlich«, sondern als »freundlich und kooperativ« beschrieben. Deswegen war er auch »bei Vorgesetzten, Kollegen, Geschäftspartnern und Lieferanten gleichermaßen geschätzt und beliebt«. Der Ausdruck »geschätzt« bedeutet respektiert, und das heißt übersetzt: Er hat nicht bei jedem Lieferanten jede Preisvorstellung ohne weiteres akzeptiert, sondern bei seiner Arbeit als Einkäufer stets zuerst die Interessen des Unternehmens im Blick gehabt. Der Respekt für Herrn Cornelius schlägt sich jetzt auch in der Schlussformulierung nieder, denn jetzt wünschen ihm der Vorgesetzte und der Personalleiter für die Zukunft nicht nur »alles Gute«, sondern auch »weiterhin Erfolg«.

Langjährige gute Mitarbeit darf im Arbeitszeugnis - und dies wird durch die Arbeitsgerichte immer wieder bestätigt - nicht durch einmalige Vorfälle wie einen handfesten Krach einfach entwertet werden. Glücklicherweise hat sich der (nun ehemalige) Chef von Herrn Cornelius eines Besseren besonnen und ein Arbeitszeugnis unterzeichnet, das die beruflichen Stärken von Herrn Cornelius für Dritte deutlich macht.

Beispiel 4: Zeugnis Leiterin Qualitätsmanagement

Zeugnis

Frau Christine Schmidt, geboren am 09. Mai 1969, war vom 01. Juni 2014 bis zum 30. Juni 2019 als Leiterin Qualitätsmanagement für unser Unternehmen tätig. Sie leitete in diesem Zeitraum die Abteilung Qualitätsmanagement und das Team Kundenkommunikation. Wegen ihrer überzeugenden Leistungen leitete sie ab dem 01. Januar 2017 zusätzlich auch die Teams Beschwerdemanagement und interne Kommunikation.

Zu ihren verantwortungsvollen Aufgaben gehörten im Wesentlichen:
- Steuerung und Optimierung des Qualitätsmanagements
- Definition der Qualitätsziele einschließlich Überprüfung der Zielerreichung
- Konzeption von Befragungen zur Kundenzufriedenheit
- Verantwortung für die Last Level-Bearbeitung (Inkasso, Rechtsanwälte)
- Ausarbeitung und Implementierung eines Trainingskonzeptes für die Servicemitarbeiter/-innen
- Schnittstelle zur Rechtsabteilung
- Bereichsübergreifender Aufbau interner Informationstools

Frau Schmidt überzeugte als dynamische Fach- und Führungskraft mit einer stets hohen Einsatzbereitschaft. Sie verfügt über umfassende und detaillierte Fachkenntnisse, die sie permanent auf dem neuesten Stand hielt. Weiterhin zeichnete sich Frau Schmidt durch ihre analytische, systematische und zuverlässige Arbeitsweise aus. Die Anforderungen der anspruchsvollen Position und die Belastungen durch den deutschlandweiten Reiseanteil bewältigte sie auch bei hohem Arbeitsanfall immer gut. Hervorzuheben sind ihr hoher persönlicher Einsatz und ihre Innovationsfähigkeit.

Frau Schmidt verstand es, ihre bis zu 40 Mitarbeiter zu motivieren und zu überzeugen. In ihrer Abteilung herrschte stets ein gutes Leistungs- und Betriebsklima. Die ihr übertragenen Aufgaben erledigte sie stets zu unserer vollen Zufriedenheit.

Ihr Verhalten gegenüber Vorgesetzten, Kollegen und Mitarbeitern war stets einwandfrei. Auch für unsere Geschäftspartner war Frau Schmidt eine gefragte und kompetente Ansprechpartnerin. Positiv hervorzuheben sind ihre ausgeprägte Kommunikationsstärke und ihre gute Eignung für die Mitwirkung in fachübergreifenden Projektteams.

Frau Schmidt verlässt uns auf eigenen Wunsch, was wir sehr bedauern, da wir mit ihr eine wertvolle Mitarbeiterin verlieren. Wir bedanken uns für die stets gute Zusammenarbeit und wünschen ihr für ihre berufliche und private Zukunft alles Gute und weiter Erfolg.

Dresden, 30. Juni 2019

International Service AG

Hugo Müller	*Johanna Meyer*
Vorstandssprecher	Personalleiterin

Im Schlusszeugnis von Frau Schmidt wird deutlich, dass Sie als Leiterin Qualitätsmanagement erfolgreich gearbeitet hat. Zeugnisexperten, die Zeugnisse schnell lesen, suchen und finden zunächst die »gute« Gesamtnote »stets zur vollen Zufriedenheit«. Diese überzeugende Gesamtbewertung wird auch im Schlussabsatz »Wir bedanken uns für die stets gute Zusammenarbeit« wiederholt und damit eindeutig bestätigt. Eine positive Einschätzung der Arbeitsleistungen dieser Führungskraft ist damit gegeben.

Im Detail wird im Zeugnis auf die überdurchschnittliche Belastungsfähigkeit und die strukturierte Arbeitsweise von Frau Schmidt hingewiesen. Auch der spezielle Absatz über die Führungsleistungen überzeugt. Formale Aspekte der Führung (Mitarbeiteranzahl / formale Führung) werden ebenso erwähnt wie die Führungsleistungen (inhaltliche Führung). Der Führungsstil hätte noch etwas deutlicher ausgeführt werden können. Aber auch so wird klar, dass Frau Schmidt als Leiterin Qualitätsmanagement insgesamt ein gleichermaßen positives und glaubwürdiges Arbeitszeugnis erhalten hat.

Beispiel 5: Zeugnis Vertriebsleiter

Zeugnis

Herr Arthur Michalewski, geboren am 23. August 1976 in Warschau, trat am 01. Januar 2013 als Vertriebsleiter Europe in unser Unternehmen ein. Am 15. März 2016 übertrugen wir ihm zusätzlich die Leitung des Bereiches Marketing Europe. Herr Michalewski berichtete direkt an den General Manager.

Zunächst wurden Herrn Michalewski als Vertriebsleiter Europe folgende Aufgaben im Bereich Vertrieb und Sales übertragen: Betreuung von Schlüsselkunden, Markteinführung neuer Produkte, Erschließung zusätzlicher Absatzpotenziale, Überprüfung und Bewertung durchgeführter Vertriebs- und Marketingmaßnahmen, Benchmarking, Außendienst und Information über Vertriebsaktivitäten.

Seit dem 15. März 2016 war er zusätzlich auch im Marketing für diese Aufgaben verantwortlich: Planung der Marketingaktivitäten, Budgetierung der Marketingaktivitäten, Steuerung der Marketingaktivitäten, Umsetzung der Marketingaktivitäten, Budgetplanung, Konzeption des Kommunikations-Mixes, Planung von Werbemaßnahmen, Erstellung von Analysen und Direktmarketing.

Herr Michalewski war motiviert und zeigte eine zufriedenstellende Arbeitsbefähigung. Er war ein sachkundiger Mitarbeiter, der einen sorgfältigen und effizienten Arbeitsstil pflegte. Die Qualität seiner Arbeit war gut. Hervorzuheben ist sein hoher persönlicher Einsatz.

Herr Michalewski verstand es, seine Mitarbeiter zu motivieren. Aufgrund seines strukturierten, sachlichen und verbindlichen Führungsstils führte er seine 15 Mitarbeiter zu hohen Leistungen und erzeugte ein gutes Betriebsklima. Herr Michalewski hat seine Aufgaben zu unserer vollen Zufriedenheit erfüllt und unseren Erwartungen in jeder Hinsicht entsprochen.

Sein Verhalten gegenüber Vorgesetzten, Kollegen und Mitarbeitern war stets gut. Auch bei unseren Geschäftspartnern genoss er stets ein jederzeit hohes Ansehen. Positiv hervorzuheben ist seine ausgeprägte Kommunikationsstärke.

Herr Michalewski verlässt unser Unternehmen zum 31. Juli 2014 auf eigenen Wunsch. Mit dem Weggang von Herrn Michalewski verlieren wir durchaus einen Leistungsträger. Wir wünschen diesem Mitarbeiter alles Gute.

Frankfurt, 31. Juli 2019

Annika Liiv
Personalleiterin

Der äußerst erfolgreiche Vertriebsleiter Arthur Michalewski ist von einem Headhunter an ein anderes Unternehmen vermittelt worden. Nun bekommt er vom alten Arbeitgeber sein Arbeitszeugnis und traut seinen Augen nicht. Von seinem maximalen Einsatzwillen und seiner überdurchschnittlichen Leistungsbereitschaft findet sich in diesem Zeugnis nichts wieder.

Die Unterschrift des General Managers fehlt

Wenn Führungskräfte direkt der Geschäftsführung oder dem Vorstand zuarbeiten – so wie es hier im Einleitungsabsatz mit dem Satz »Herr Michalewski berichtete direkt an den General Manager« kenntlich gemacht wird – wandert der Blick eines Zeugnisprofis gleich zu den Unterschriften am Ende. Denn dann ist es ein Gebot der Wertschätzung, dass der Top-Manager, dem zugearbeitet wurde, das Zeugnis auch selbst unterschreibt. Hier hat aber nur die Personalleiterin Annika Liiv unterschrieben. Das verheißt nichts Gutes.

Unübersichtliche Struktur der Aufgabenbereiche

Obwohl Herr Michalewski zunächst als »Vertriebsleiter Europe« und später noch zusätzlich als »Leiter des Bereiches Marketing Europe« für zahlreiche Aufgaben verantwortlich war, wirken die beiden Blöcke zu den Aufgabenbeschreibungen sehr unübersichtlich. Statt die einzelnen Tätigkeiten in Form einer Aufzählung untereinanderzuschreiben, ist hier alles dicht zusammengerückt worden. Sollte das gesamte Zeugnis krampfhaft auf eine Seite passen? Will man damit zum Ausdruck bringen, dass es über diese Führungskraft eigentlich nicht viel mitzuteilen gibt?

Schlüsselwörter wie »stets« oder »immer« tauchen nicht auf

In Arbeitszeugnissen müssen Schlüsselwörter wie »stets«, »jederzeit« oder »immer« auftauchen, sonst ist etwas faul. Hier fehlen diese Schlüsselwörter in den einzelnen Leistungsbeurteilungen völlig. Herr Michalewski war nur »motiviert«, aber nicht »stets motiviert«. Er war »sachkundig«, aber nicht »jederzeit sachkundig«, und er pflegte einen »sorgfältigen« (pedantischen?) »und effizienten Arbeitsstil«, aber nicht »immer«. Damit sind alle einzelnen Leistungsbeurteilungen in den Notenstufen befriedigend bis ausreichend angesiedelt. Problematisch ist auch der Hinweis auf das »gute Betriebsklima«: Das meint nämlich, dass zwar die Stimmung in seiner Abteilung stets gut war, aber nichts erreicht wurde. Sonst hätte man nämlich »Arbeitsklima« schreiben müssen.

Der Block Sozialverhalten fällt aus dem Rahmen, denn er entspricht plötzlich der Note gut. Ein typisches Ablenkungsmanöver, um den Beurteilten zufrieden zu stellen. Insgesamt wird in diesem Zeugnis der Eindruck vermittelt, dass Herr Michalewski zwar ein netter Kerl war, aber nichts konnte.

Zeugnis

Herr Arthur Michalewski, geboren am 23. August 1976 in Warschau, trat am 01. Januar 2013 als Vertriebsleiter Europe in unser Unternehmen ein. Am 15. März 2016 übertrugen wir ihm zusätzlich die Leitung des Bereiches Marketing Europe. Herr Michalewski berichtete direkt an den General Manager. Mit Eintritt in unser Unternehmen wurde ihm Handlungsvollmacht erteilt.

Zunächst wurden Herrn Michalewski als Vertriebsleiter Europe folgende Aufgaben im Bereich Vertrieb und Sales übertragen:
- Betreuung bestehender und Gewinnung neuer Schlüsselkunden
- Strategische Sales-Aktivitäten (Entwicklung und Umsetzung mittel- und langfristiger Marktstrategien)
- Markteinführung neuer Produkte einschließlich Schulung der Außendienstmitarbeiter
- Erschließung zusätzlicher Absatzpotenziale
- Überprüfung und Bewertung durchgeführter Vertriebs- und Marketingmaßnahmen
- European Benchmarking
- Außendienststeuerung
- Personalauswahl
- Optimierung der Informations- und Arbeitsabläufe innerhalb des Vertriebsbereiches und mit den beteiligten Bereichen des Unternehmens

Seit dem 15. März 2016 war er zusätzlich auch als Leiter im Bereich Marketing Europe für diese Aufgaben verantwortlich:
- Planung, Budgetierung, Steuerung und Umsetzung aller Marketingaktivitäten einschließlich Messen und Events
- Durchführung der jährlichen Marketingbudgetplanung
- Konzeption und Koordination des B2B- und B2C-Kommunikations-Mixes
- Planung innovativer und kreativer B2B- und B2C-Werbemaßnahmen einschließlich zielgruppenorientierter Durchführung
- Erstellung von Markt-, Wettbewerber- und vergleichenden Produktanalysen
- Ausbau des Direktmarketings und Aufbau des Online-Marketings einschließlich Erfolgskontrolle

Herr Michalewski überzeugte als dynamische Fach- und Führungskraft, die stets eine gute Einsatzbereitschaft zeigte. Die Anforderungen der anspruchsvollen Position und die Belastungen durch den europaweiten hohen Reiseanteil bewältigte er auch bei hohem Arbeitsanfall immer gut. Das Unternehmen profitierte hervorragend von seinem detaillierten Fachwissen und seiner langjährigen, umfassenden Branchenerfahrung. Herr Michalewski war ein systematisch und pragmatisch vorgehender Mitarbeiter, der seine Aufgaben selbstständig, innovativ und effizient bearbeitete. Die Qualität seiner Arbeit er-

→ FORTSETZUNG AUF DER NÄCHSTEN SEITE

füllte stets hohe Ansprüche. Hervorzuheben sind sein hoher persönlicher Einsatz und sein ausgeprägtes unternehmerisches Denken und Handeln, was in dem von ihm verantworteten Bereich zur konsequenten Erschließung neuer Absatzpotenziale und damit zu weit überdurchschnittlichem Umsatzwachstum führte.

Herr Michalewski war als Vorgesetzter anerkannt und geschätzt. Aufgrund seines strukturierten, sachlichen und verbindlichen Führungsstils führte er seine 15 Mitarbeiter zu durchgängig hohen Leistungen und erzeugte ein positives Arbeitsklima. Herr Michalewski hat seine Aufgaben stets zu unserer vollen Zufriedenheit erfüllt und unseren Erwartungen in jeder Hinsicht gut entsprochen.

Sein Verhalten gegenüber Vorgesetzten, Kollegen und Mitarbeitern war stets gut. Auch bei unseren Geschäftspartnern genoss er stets ein jederzeit hohes Ansehen. Positiv hervorzuheben sind seine ausgeprägte Kommunikationsstärke und seine gute Eignung für die Mitwirkung in internationalen Arbeitsgruppen.

Herr Michalewski verlässt unser Unternehmen zum 31. Juli 2019 auf eigenen Wunsch. Für die erfolgreiche und vertrauensvolle Zusammenarbeit danken wir ihm sehr und bedauern sein Ausscheiden. Für seinen weiteren Berufs- und Lebensweg wünschen wir ihm alles Gute und weiterhin viel Erfolg.

Vertriebs AG

Frankfurt, 31. Juli 2019

Ulrich Santjer
General Manager

Annika Liiv
Personalleiterin

Länge und Ausführlichkeit des Zeugnisses sind für eine Führungskraft angemessen

Die neue Version des Zeugnisses ist rein formal und vom Umfang her angemessen. Übertragen auf Firmenbriefpapier werden hier wahrscheinlich rund drei DIN-A4-Seiten zusammenkommen. Diese Länge entspricht auch dem umfangreichen Aufgabengebiet von Herrn Michalewski, da er ab März 2011 für zwei Bereiche verantwortlich war. Aus formaler Sicht ist weiterhin korrekt, dass nun auch der General Manager, Ulrich Santjer, unterschrieben hat und somit zeigt, dass er - mit seinem Namen - hinter diesem Zeugnis steht.

Bei überdurchschnittlich guten und erfolgreichen Führungskräften darf im Zeugnis auch deutlich werden, dass es sich um echte Leistungsträger handelt. Herr Michalewski hat in der Tat viele Aufgabenbereiche verantwortet und koordiniert. Falsche Bescheidenheit, also eine nur bruchstückhafte Aufzählung der vielen Aufgaben, wäre hier fehl am Platze. Auch wenn die beiden Aufgabenbeschreibungen sehr detailliert und fast zu ausführlich wirken, gilt dennoch: Hat eine Führungskraft sehr viele Aufgaben bewältigt, gehören auch alle (wesentlichen) Aufgaben ins Arbeitszeugnis! Die erbrachten Leistungen sollen sich schließlich auch hier angemessen widerspiegeln.

Explizite Hinweise auf die internationale Parkettsicherheit

Im Gegensatz zum vorherigen schlechten Zeugnis ist nun an vielen Stellen ersichtlich, dass zu den Kernkompetenzen von Herr Michalewski auch die Internationalität gehört. So wurde aus dem einfachen »Benchmarking« ein »European Benchmarking«. In den einzelnen Leistungsbeurteilungen wird explizit auf »die Belastungen durch den europaweiten hohen Reiseanteil« hingewiesen. Und im Block zum Sozialverhalten am Ende des Zeugnisses heißt es jetzt neu: »Positiv hervorzuheben ist ... seine gute Eignung für die Mitwirkung in internationalen Arbeitsgruppen«. Diese an verschiedenen Stellen im Zeugnis gegebenen konkreten Hinweise auf die internationale Parkettsicherheit von Herrn Michalewski sind überzeugend und prädestinieren ihn für neue internationale Vertriebs- und Marketingaufgaben.

Die Beurteilungen zu seiner Einsatzbereitschaft fallen sehr gut aus und werden diesmal auch ausführlicher dargestellt. Auch die entsprechenden Füllwörter wie »stets« oder »immer« sind jetzt vorhanden. So wird er beispielsweise beschrieben als eine »dynamische Fach- und Führungskraft, die stets eine gute Einsatzbereitschaft zeigte«. Ebenfalls positiv an diesem Zeugnis ist der Satz, in dem Herr Michalewski als eine direkte Bereicherung für die Firma bezeichnet wird: »Das Unternehmen profitierte hervorragend von seinem detaillierten Fachwissen und seiner langjährigen, umfassenden Branchenerfahrung«. Das erzeugt bei Personalentscheidern die berechtigte Hoffnung, dass er auch für die neue Firma ein gewinnbringender Mitarbeiter sein wird.

Positive Bewertung des Führungsstils

Wer derart gekonnt auf vielen Hochzeiten tanzt, der braucht ein Team, das mitspielt und auf das er sich voll und ganz verlassen kann – und das gleichzeitig effizient und gut geführt wird. Das war bei Herrn Michalewski der Fall, und daher wird er im Block Führungsverhalten auch als ein Chef charakterisiert, der einen »strukturierten, sachlichen und verbindlichen Führungsstil« einsetzte und damit »seine 15 Mitarbeiter zu durchgängig hohen Leistungen« führte. Damit ist Herr Michalewski nicht nur ein ausgewiesener Vertriebsprofi, sondern auch ein vorbildlich agierender und anerkannter Vorgesetzter.

Das Sozialverhalten wird stimmig zu den sonstigen Noten bewertet

In dem Block Sozialverhalten hat sich zum vorhergehenden Zeugnis nicht allzu viel geändert. Der Umgang mit Kollegen und Kunden wird hier ebenfalls mit der Note gut bewertet: So wird sein Verhalten gegenüber Vorgesetzten und Kollegen als »stets gut« bezeichnet, und auch die Geschäftsbeziehungen zu den Kunden waren vorbildlich, denn er genoss »stets ein jederzeit hohes Ansehen«. Zusätzlich wird noch seine Kommunikationsstärke hervorgehoben.

Das Zeugnis macht klar: Bei Herrn Michalewski handelt es sich um einen ausgewiesenen Experten in den Bereichen Vertrieb und Marketing, der über ein überdurchschnittliches Potenzial verfügt. Da diese Stärken in der neuen Version auch deutlich hervorgehoben werden, ist das Abschlusszeugnis ein echter Karrierebaustein für seine weitere berufliche Entwicklung.

Beispiel 6: Zeugnis Kaufmännische Angestellte

ZEUGNIS

Frau Monika Niebuhr, geboren am 18. Februar 1988 in Rostock, war vom 1. Juni 2013 bis zum 30. September 2019 in unserem Reisebüro als kaufmännische Angestellte tätig.

Ihr Aufgabenbereich:
- Flugpreisberechnung
- Bearbeitung und Kontrolle der Buchungen
- Verwaltung von Gruppenbuchungen
- Tickethinterlegung
- Sonderanfragen
- Trainingsmaßnahmen

Frau Niebuhr ist eine außergewöhnlich interessierte Mitarbeiterin. Sie besitzt ein umfassendes Fachwissen und praktikable Englischkenntnisse und ist den Umgang mit EDV-Systemen gewohnt. Die ihr übertragenen Aufgaben bearbeitet sie zügig, immer gewissenhaft, sehr selbstständig und stets zu unserer vollsten Zufriedenheit. Hervorzuheben ist ihre ausgeprägte Serviceorientierung.
Frau Niebuhr war wegen ihres im Großen und Ganzen aufgeschlossenen Wesens bei Vorgesetzten anerkannt und im Kollegenkreis wegen ihrer Geselligkeit beliebt. Ihre persönliche Führung hat nicht zu Beanstandungen Anlass gegeben.
Frau Niebuhr verlässt uns auf eigenen Wunsch, um ein Studium aufzunehmen. Wir bedauern diese Entscheidung, danken ihr für ihre stets sehr guten Leistungen und wünschen ihr weiterhin viel Erfolg und persönlich alles Gute.

Reiseparadies GmbH

Saskia Willer
Geschäftsführerin

Arbeitszeugnisse lassen sich nur im Gesamtzusammenhang interpretieren, und was passieren kann, wenn ein eigentlich gutes Zeugnis aufgrund weniger Sätze plötzlich Irritationen auslöst, zeigt dieses Beispiel. Frau Monika Niebuhr ist kaufmännische Angestellte in einem kleinen Reisebüro gewesen. Sie hat die Stelle aufgegeben, um doch noch zu studieren. Ihr Zeugnis ist fast überzeugend, aber einige gravierende Fehler machen den ersten guten Eindruck völlig zunichte.

Der Einleitungsabsatz ist korrekt. Eintritts- und Austrittsdatum werden aufgeführt, und auch die aktive Formulierung

Knappes Zeugnis wegen Zeitmangel?

»war ... tätig« wird verwendet. Etwas knapp ist die Überleitung zur Aufgabenbeschreibung, denn es heißt nur »Ihr Aufgabenbereich«. Die Zeugnisausstellerin, die Geschäftsführerin Frau Saskia Willer, hatte es bei der Formulierung des Zeugnisses wohl sehr eilig. Daher überrascht kaum, dass auch bei den folgenden Aufzählungspunkten die Aufgaben nur angerissen werden. Hier heißt es »Flugpreisberechnung, Bearbeitung und Kontrolle der Buchungen, Verwaltung von Gruppenbuchungen, Tickethinterlegung, Sonderanfragen« und »Trainingsmaßnahmen«. Die Aufzählung an sich ist umfassend, aber zu den einzelnen Tätigkeiten hätte man doch mehr sagen können. Es wird nicht deutlich, um welche Art von »Sonderanfragen« es sich handelt, und ob Frau Niebuhr »Trainingsmaßnahmen« gebucht, geplant oder gar durchgeführt hat, ist ebenfalls nicht ersichtlich.

Missverständliche und irreführende Leistungsbeurteilungen

In den einzelnen Leistungsbeurteilungen kommt es gleich zu einem Missverständnis, denn Frau Niebuhr wird als »außergewöhnlich interessierte Mitarbeiterin« beschrieben. In Zeugnissen ist das Wort »interessiert« allerdings immer gefährlich. Es bedeutet nämlich: »Sie wollte schon gerne, konnte aber nicht«. Da die zusammenfassende Leistungsbeurteilung aber sogar sehr gut ist - »stets zu unserer vollsten Zufriedenheit« -, wird man den kleinen Ausrutscher zu Beginn dieses Absatzes hinnehmen.

Nicht-Formulierungen in Zeugnissen bedeuten das Gegenteil

Im Sozialverhalten ist es dann vorbei mit dem guten Zeugnis. Die Formulierung »im Großen und Ganzen ... bei Vorgesetzten anerkannt« meint vielmehr »überwiegend nicht anerkannt«. Und der Nebensatz »... und im Kollegenkreis wegen ihrer Geselligkeit beliebt« wird von Zeugnisprofis übersetzt mit: »Sie neigte übermäßig dem Alkohol zu, am liebsten mit Kollegen«. Weiter heißt es dann auch noch »Ihre persönliche Führung hat nicht zu Beanstandungen Anlass gegeben«. Nicht-Formulierungen in Zeugnissen bedeuten aber stets, dass das verneinte Verhalten in Wirklichkeit zu kritisieren ist. Frau Niebuhrs Verhalten hat also zu Beanstandungen Anlass gegeben. Und zwar scheinbar mehrfach.

Sehr gute Leistungsbeurteilungen gekoppelt mit kritischen Anmerkungen im Sozialverhalten deuten üblicherweise an, dass ein leistungsschwacher und störender Mitarbeiter weggelobt werden soll. Entspricht diese Beschreibung nicht der Realität, sollte Frau Niebuhr Änderungswünsche einfordern - zumal auch die Formalien nicht stimmen, da Ausstellungsort und -datum am Ende fehlen.

ZEUGNIS

Frau Monika Niebuhr, geboren am 18. Februar 1988 in Rostock, war vom 1. Juni 2013 bis zum 30. September 2019 in unserem Reisebüro als kaufmännische Angestellte tätig.

Im Einzelnen umfasste ihr Aufgabenbereich folgende Tätigkeiten:
- Erstellung von Angeboten, Flugpreisberechnung, Bearbeitung und Kontrolle der Buchungen bis zum Abflug (Reservierungssystem BABS / AMADEUS)
- Eigenständige Bearbeitung und Verwaltung von Gruppenbuchungen
- Eigenständige Genehmigung und Verwaltung von Discounts für Reisebüroangestellte
- Tickethinterlegung im In- und Ausland
- Abwicklung von Sonderanfragen für Firmen
- Telefon- und Verkaufstraining für Auszubildende und Kolleginnen und Kollegen

Frau Niebuhr ist eine außergewöhnlich engagierte und belastbare Mitarbeiterin. Sie besitzt ein umfassendes Fachwissen, sehr gute Englischkenntnisse in Wort und Schrift und geht sicher mit den EDV-Systemen um. Die ihr übertragenen Aufgaben bearbeitet sie zügig, immer gewissenhaft, sehr selbstständig und stets zu unserer vollsten Zufriedenheit. Hervorzuheben ist ihre ausgeprägte Serviceorientierung und ihre Abschlusssicherheit.

Das kollegiale und kooperative Wesen von Frau Niebuhr sicherte ihr stets eine gute Zusammenarbeit mit Vorgesetzten, Kollegen und Kunden.

Frau Niebuhr verlässt uns auf eigenen Wunsch. Wir bedauern diese Entscheidung, danken ihr für ihre stets sehr guten Leistungen und wünschen ihr weiterhin viel Erfolg und persönlich alles Gute.

Frankfurt, 30. September 2019

Reiseparadies GmbH

Saskia Willer
Geschäftsführerin

Schon die überarbeitete Aufgabenbeschreibung wirkt viel überzeugender. Frau Niebuhr kann nun mit ihren umfassenden Berufserfahrungen punkten. Jeder einzelne Aufzählungspunkt wird in der überarbeiteten Version viel ausführlicher und informativer dargestellt. So wird aus dem knappen Punkt »Sonderanfragen« nun »Abwicklung von Sonderanfragen für Firmen«. Also hat Frau Niebuhr nicht nur Sonderanfragen entgegengenommen und weitergeleitet, sondern sich auch selbst um die Betreuung und Abwicklung von (umsatzstarken) Firmenanfragen gekümmert. Und auch das Stichwort »Trainingsmaßnahmen« wurde in »Telefon- und Verkaufstraining für Auszubildende und Kolleginnen und Kollegen« umgewandelt. Frau Niebuhr hat ganz offensichtlich pädagogisches Talent: Wenn sie sogar Verkaufstrainings durchgeführt hat, wird sie damit für spätere Arbeitgeber außerordentlich interessant sein.

Besser: engagiert und belastbar statt interessiert

In den einzelnen Leistungsbeurteilungen taucht das eher negative Wort »interessiert« nicht mehr auf. Frau Niebuhr wird jetzt viel überzeugender als »außergewöhnlich engagierte und belastbare Mitarbeiterin« beschrieben. Die sehr gute zusammenfassende Leistungsbeurteilung hat sie natürlich nicht ändern lassen. Die in der ersten Version ausdrücklich hervorgehobene »ausgeprägte Serviceorientierung« ist durch »ihre Abschlusssicherheit« ergänzt worden. Dieser Zusatz betont die guten Verkaufsfähigkeiten von Frau Niebuhr, die in der Aufgabenbeschreibung mit dem Hinweis auf die durchgeführten Verkaufstrainings bereits indirekt deutlich wurden.

Unabsichtlich schlechtes Zeugnis aus Unwissenheit

Wie so oft bei Laienzeugnissen gab es gar keinen wirklichen Grund für die missverständlichen Formulierungen im Sozialverhalten. Der Chefin von Frau Niebuhr war es sehr peinlich, als sie erfuhr, dass sie ihre bisher beste Mitarbeiterin im Zeugnis aus Versehen als Alkoholikerin beschrieben hat. Sie kannte sich mit der Zeugnissprache einfach nicht genügend aus. Zur Entschuldigung gab es einen Blumenstrauß und natürlich passende Formulierungen in der überarbeiteten Fassung des Sozialverhaltens. Hier wird jetzt auch der gute Umgang mit Kunden beschrieben, was für eine Mitarbeiterin im Reisebüro natürlich unverzichtbar ist.

Es kann besser sein, Gründe für den Wechsel nicht zu nennen

Auch wenn sich Frau Niebuhr in der ersten Version des Schlussabsatzes noch den Hinweis »... verlässt uns auf eigenen Wunsch, um ein Studium aufzunehmen« gewünscht hatte, ist sie nun zu einer anderen Auffassung gekommen. Der knappe Vermerk »Frau Niebuhr verlässt uns auf eigenen Wunsch« reicht völlig aus, denn wenn es mit dem Studium nicht klappen sollte, wird dies sicher als Makel interpretiert werden. Nun aber werden die Pferde gar nicht erst scheu gemacht. Und auch die formellen Details stimmen jetzt, da Ausstellungsort und -datum in dieser Version auftauchen.

Ein erstklassiges Zeugnis ohne Missverständnisse. Frau Niebuhr hat sechs Jahre lang hervorragend gearbeitet, und das wird nun auch im Arbeitszeugnis entsprechend gewürdigt.

Beispiel 7: Zeugnis Steuerfachgehilfin

Arbeitsbeurteilung

Frau Petra Neumann, geboren am 16. August 1983 in Berlin, war in der Zeit vom 1. Oktober 2013 bis zum 30. Juni 2019 als Steuerfachgehilfin in unserem Unternehmen.

Ihre Aufgaben umfassten im Wesentlichen:

- Steuerliche Sachbearbeitung
- Steuerliche Anlegerverwaltung der Immobilienfonds
- Unterstützung bei Betriebsprüfungen
- Ansprechpartnerin des Asset Managements bei steuerlichen Fragen
- Sonderaufgaben

Frau Neumann war eine äußerst motivierte und engagierte Mitarbeiterin, die ihre Aufgaben stets nachweislich gründlich erledigte. Sie verfügte über eine in jeder Hinsicht hohe Arbeitsbefähigung. Die Anforderungen ihrer Position bewältigte sie auch bei stärkstem Arbeitsanfall stets sehr gut. Sie besitzt ein außerordentlich breites Fachwissen, mit dessen Hilfe sie auch anspruchsvollste Aufgabenstellungen erfolgreich löste. Frau Neumann arbeitete stets planvoll. Die Qualität ihrer Arbeit erfüllte stets die allerhöchsten Ansprüche. Die Leistungen von Frau Neumann verdienten stets unsere vollste Anerkennung.

Ihr Verhalten zu Vorgesetzten und Kollegen war jederzeit sehr gut.

Das Arbeitsverhältnis wird auf Wunsch von Frau Neumann im besten und freundschaftlichen Einvernehmen mit uns beendet. Wir danken ihr für ihre stets höchste Leistungsbereitschaft und bedauern außerordentlich, diese überdurchschnittlich engagierte Mitarbeiterin zu verlieren. Wir wünschen Frau Neumann auf ihrem weiteren Berufs- und Lebensweg immer alles Gute und weiterhin stets viel Erfolg.

Berlin, 30. Juni 2019

Berliner Immobilien GmbH

ppa. Helmut Brinkmann
Leiter Immobilienverwaltung

Frau Neumann ist aufgefordert worden, sich ihr Arbeitszeugnis selbst zu schreiben. Dabei hat sie es aber zu gut mit sich selbst gemeint. Sie hat eine reine Jubelarie verfasst, sich also überall die Höchstpunktzahl und die Note 1 gegeben. Diese Übertreibung könnte sich aber zu einem späteren Zeitpunkt rächen, bei-

Bei selbstverfassten Zeugnissen sollte nicht übertrieben werden

spielsweise wenn andere Zeugnisse von ihr ganz andere Noten enthalten. Dann gerät sie in Vorstellungsgesprächen womöglich in Erklärungsnot.

Obwohl Frau Neumann ihr Zeugnis selbst schreiben durfte, hat auch sie den Fehler gemacht, die Aufgabenbeschreibung zu knapp zu halten. Die fünf einzelnen Punkte werden viel zu oberflächlich dargestellt, es fehlt die Substanz. Gerade bei dem letzten Punkt - den »Sonderaufgaben« - werden genauere Informationen erwartet. Die hat Frau Neumann leider nicht geliefert.

Zu viele Superlative und Bestnoten

Bei den einzelnen Leistungsbeurteilungen jagt ein Superlativ den nächsten. Die Ausdrücke »äußerst«, »stets«, »nachweislich«, »in jeder Hinsicht«, »außerordentlich«, »anspruchsvollste«, »immer«, »allerhöchste« und »vollste« machen sich natürlich in jedem Arbeitszeugnis gut - aber nicht, wenn sie in so einem Maße benutzt werden, wie es in diesem Beispiel geschieht. Offensichtlich bewegt sich hier jemand nicht mehr auf dem Boden der Tatsachen. Wenn so übermäßig und ausschließlich gelobt wird, vermuten Zeugnisexperten sogleich, dass entweder jemand weggelobt werden soll, der eigentlich nicht viel taugt, oder - so wie in diesem Fall - dass ein Mitarbeiter sein Zeugnis in völlig übertriebenem Stil selbst geschrieben hat.

Warum sollte die Firma eine so gute Mitarbeiterin ziehen lassen?

Die Übertreibungen setzen sich im Schlussabsatz fort. Es wirkt schon fast ironisch und damit nachteilig für Frau Neumann, wenn zu lesen ist, dass sie das Arbeitsverhältnis »im besten und freundschaftlichen Einvernehmen mit uns beendet«. Dies könnte man auch als eine Äußerung nach dem Motto »Wir sind froh, dass sie nun endlich geht« interpretieren. Dann wirken auch der geäußerte Dank und das außerordentliche Bedauern unglaubwürdig. Wenn die Mitarbeiterin wirklich so gut wäre, wie in den Leistungsbeurteilungen, im Sozialverhalten und in der Dankes-Bedauerns-Formel behauptet wird, warum lässt man sie dann gehen?

Frau Neumann hat sich mit ihrem vermeintlich sehr guten Arbeitszeugnis einen Bärendienst erwiesen. Hier wäre weniger mehr gewesen, und statt der vielen Superlative hätte sie lieber mehr Energie für die Aufgabenbeschreibung verwandt.

Arbeitszeugnis

Frau Petra Neumann, geboren am 16. August 1983 in Berlin, war in der Zeit vom 1. Oktober 2013 bis zum 30. Juni 2019 als Steuerfachgehilfin in unserem Unternehmen tätig.

Ihre Aufgaben umfassten im Wesentlichen:
- Steuerliche Sachbearbeitung für Personen- und Kapitalgesellschaften
- Steuerliche Anlegerverwaltung der Immobilienfonds
- Unterstützung bei Betriebsprüfungen
- Ansprechpartnerin des Asset Managements bei steuerlichen Fragen
- Sonderaufgaben, insbesondere Ausschüttungen, erbschaft- und schenkungsteuerliche Werte

Frau Neumann führte alle Aufgaben stets mit großem Elan und Pflichtbewusstsein aus. Die Anforderungen ihrer Position bewältigte sie auch bei starkem Arbeitsanfall stets gut. Sie besitzt ein breites Fachwissen, mit dessen Hilfe sie auch anspruchsvolle Aufgabenstellungen erfolgreich löste. Frau Neumann arbeitete planvoll, konzentriert und sehr gründlich. Die Qualität ihrer Arbeit erfüllte stets hohe Ansprüche. Die Leistungen von Frau Neumann verdienten stets unsere volle Anerkennung.

Ihr Verhalten gegenüber Vorgesetzten und Kollegen war jederzeit gut. Sie ist eine ausgesprochen teamorientierte Mitarbeiterin, die ihre Kolleginnen und Kollegen in schwierigen Fällen mit ihrem sehr guten Fachwissen unterstützte.

Frau Neumann scheidet auf eigenen Wunsch aus unserem Unternehmen aus. Wir danken ihr für ihre guten Leistungen und bedauern, diese engagierte Mitarbeiterin zu verlieren. Wir wünschen Frau Neumann auf ihrem weiteren Berufs- und Lebensweg alles Gute und weiterhin viel Erfolg.

Berlin, 30. Juni 2019

Berliner Immobilien GmbH

ppa. Helmut Brinkmann
Leiter Immobilienverwaltung

Diesmal hat Frau Neumann nicht nur auf die Bewertungen, sondern auch auf die Aufgabenbeschreibung geachtet. Insbesondere die Sonderaufgaben sind nun genauer beschrieben. Statt einfach lieblos »Sonderaufgaben« zu schreiben, formuliert sie nun »Sonderaufgaben, insbesondere Ausschüttungen, erbschaft- und schenkungsteuerliche Werte«. Damit signalisiert sie, dass sie nicht nur mit dem Tagesgeschäft einer Steuerfachgehilfin, sondern auch mit anspruchsvollen steuerlich relevanten Aufgabenstellungen gut zurechtgekommen ist. Das ist im Endeffekt wirkungsvoller als die übertriebenen Bewertungen in der misslungenen ersten Version des Zeugnisses.

Erwartungen und Leistungsbeurteilungen sind stimmig

Bei den einzelnen Leistungsbeurteilungen – dem Arbeitswillen, der Arbeitsbefähigung, dem Fachwissen, der Arbeitsweise und dem Arbeitserfolg – hat Frau Neumann diesmal auf gute Bewertungen, also die Note 2, zurückgegriffen. Die Beschreibungen sind stimmig und passen zu den Erwartungen, die Arbeitgeber an eine Steuerfachgehilfin haben. So ist nun auch die Beschreibung der Arbeitsweise mit der Charakterisierung »planvoll, konzentriert und sehr gründlich« bestens gelungen. Diese persönlichen Eigenschaften sind bei einer Steuerfachgehilfin ohne Zweifel gefragt.

Die Teamorientierung wird mit einem Beispiel belegt

Die stimmige Beschreibung setzt sich im Block Sozialverhalten fort. Dort ist zunächst das »jederzeit gute« Verhältnis von Frau Neumann zu Vorgesetzten und Kollegen beschrieben. Darüber hinaus wird sie sogar als »ausgesprochen teamorientierte Mitarbeiterin gelobt, die ihre Kolleginnen und Kollegen in schwierigen Fällen mit ihrem sehr guten Fachwissen unterstützte«. Frau Neumann ist also eine echte Teamplayerin, die sich hervorragend in den Kollegenkreis integrieren kann und auch noch über exzellente Fachkenntnisse verfügt.

Im Schlussabsatz kommt man diesmal nicht ins Grübeln, da die unglaubwürdigen Übertreibungen nun verschwunden sind. Die etwas abgeschwächten, aber immer noch durchgehend im Bereich der Note 2 angesiedelten Formulierungen wirken überzeugend: Hier dankt ein Unternehmen einer guten Mitarbeiterin und bedauert nachvollziehbar ihren Weggang. Daher sind auch die guten Zukunftswünsche plausibel.

Die Noten sollten mit denen aus anderen Zeugnissen annähernd übereinstimmen

Auch in unserer Beratungspraxis erleben wir immer wieder, dass Kunden nicht nur mit zu schlechten, sondern auch mit zu guten Zeugnissen zu uns kommen. Wenn sie so ausgezeichnete Arbeit geleistet haben, dass im Zeugnis durchgängig die Notenstufen sehr gut bis gut auftauchen, ist dies natürlich vertretbar – allerdings nur dann, wenn Sie auch sonst sehr gute Arbeits-, Ausbildungs-, Hochschul- und Weiterbildungszeugnisse vorweisen können. Diese Superkandidaten sind allerdings selten. Deshalb sollten auch Sie aufpassen, dass Sie in Ihrem selbst geschriebenen Arbeitszeugnis nicht übertreiben. Ein Durchschnitt der Note 2 ist in der Regel gut genug!

Beispiel 8: Zeugnis Technischer Mitarbeiter

Arbeitszeugnis

Name: Krone
Vorname: Thomas
geboren am: 12.12.1969
in: Emden
Dauer: 1. Februar 2009 bis 29.01.2020

Herr Krone hat in unserem Büro vermessungstechnische Arbeiten durchgeführt.

Er führte die ihm übertragenen Aufgaben stets zur vollen Zufriedenheit aus.

Gegenüber den Mitarbeitern und Vorgesetzten war er freundlich.

Wir wünschen ihm für seinen weiteren Berufs- und Lebensweg alles Gute und weiterhin viel Erfolg.

29.01.2020

H. Schmidt
Vermessungsbüro

Als wir dieses »Arbeitszeugnis« in unserer Beratungspraxis überprüfen sollten, mussten wir selbst erst einmal schlucken. Denn eigentlich gab es gar kein Zeugnis, sondern bloß ein paar Sätze, die auch noch missverständliche Formulierungen enthielten. Glücklicherweise kam heraus, dass der Zeugnisaussteller nicht vorsätzlich, sondern lediglich aus seiner Unkenntnis heraus so wenig mitgeteilt hatte. Ohne Überarbeitung hätte das aber böse Folgen für den beurteilten technischen Mitarbeiter, Herrn Krone, haben können.

Nahezu alle möglichen Formfehler in einem Zeugnis

Die Überschrift »Arbeitszeugnis« lässt eigentlich mehr erwarten. Die tabellarische Auflistung Name, Vorname, geboren am, in und Dauer erinnert mehr an einen Lebenslauf als an ein Zeugnis. Das Austrittsdatum ist zudem »krumm« - hat man Herrn Krone etwa fristlos gekündigt? Da das Ausstellungsdatum - übrigens ohne Ortsangabe - am Ende des Zeugnisses dem Austrittsdatum entspricht, wird dieser Verdacht erhärtet. Anhand der Unterschrift ist nicht zu erkennen, welcher Mitarbeiter das Zeugnis ausgestellt hat und welche Position er innehat. Der Zusatz »Vermessungsbüro« könnte genauso gut auf eine Sekretärin, eine Kollegin aus der Buchhaltung oder einen anderen technischen Mitarbeiter passen. Richtigerweise müsste aber der oder die Vorgesetzte unterschreiben.

Eher ein Praktikanten- als ein Arbeitszeugnis

Wenn Arbeitszeugnisse so knapp gestaltet werden, wird das unter Zeugnisprofis eigentlich immer mit einer Geringschätzung des Beurteilten gleichgesetzt. Ein solcher Dreizeiler würde vielleicht noch als Praktikantenzeugnis für einen Schüler durchgehen, aber nicht als Arbeitszeugnis für einen technischen Mitarbeiter, der über fünf Jahre (!) in der Firma tätig war. Hinzu kommt die unfreiwillige Komik: Denn wenn es heißt, »Herr Krone hat in unserem Büro vermessungstechnische Arbeiten durchgeführt«, dann könnte man sich auch fragen, ob er über fünf Jahre lang täglich das Büro vermessen hat …

Versteckte Kritik beim Punkt Sozialverhalten?

Einzelne Leistungsbeurteilungen gibt es in diesem Zeugnis nicht. Seine Leistungen werden nur mit der zusammenfassenden Beurteilung »Er führte die ihm übertragenen Arbeiten stets zur vollen Zufriedenheit« aus bewertet. Immerhin entspricht dies der Note gut. Leider wird man beim Sozialverhalten jedoch schon wieder skeptisch. Mit dem Satz »Gegenüber den Mitarbeitern und Vorgesetzten war er freundlich« werden gleich zwei Zweifel geweckt: Kam er mit den Vorgesetzten nicht klar? Denn schließlich werden zuerst die Mitarbeiter genannt. Und war er nur freundlich? Hatte er außer seinem Lächeln sonst keine sozialen Kompetenzen?

Wenige Worte, aber viele Missverständnisse. Ein Zeugnis aus dem Gruselkabinett, das von vorne bis hinten überarbeitet werden muss!

ZEUGNIS

Herr Thomas Krone, geboren am 12. Dezember 1972 in Emden, war vom 01. Februar 2014 bis zum 31. Januar 2020 für mein Vermessungsbüro als technischer Mitarbeiter tätig.

Er war im Innendienst mit Digitalisierungsarbeiten und Katasterauswertungen betraut. Hierzu gehörte insbesondere:

- Vermessungsarbeiten mithilfe von CAD
- Vor- und Nachbereitung von Messungen des Außendienstes
- Datenkonvertierungen
- Bestandsdokumentationen
- REB-Massenberechnungen
- Administration der CAD-Software GEOgraf

Wir haben Herrn Krone als engagierten, belastbaren und zuverlässigen Mitarbeiter kennen gelernt, der die ihm übertragenen Aufgaben stets zu unserer vollen Zufriedenheit ausgeführt hat.

Sein Verhalten gegenüber Vorgesetzten und Mitarbeitern war einwandfrei.

Herr Krone scheidet auf eigenen Wunsch aus meinem Unternehmen aus. Ich bedauere seine Entscheidung, danke ihm für seine gute Mitarbeit und wünsche ihm auch weiterhin viel Erfolg und persönlich alles Gute.

Vermessungsbüro Schmidt GmbH

Oldenburg, 31. Januar 2020

Heinrich Schmidt
Geschäftsführer

Guter Aufbau mit allen wichtigen Inhaltsblöcken

Schon ein erster Blick auf das Arbeitszeugnis macht deutlich, dass diesmal von Anfang an die richtigen Weichenstellungen vorgenommen worden sind. Das Zeugnis ist nun sauber in die üblichen Blöcke Einleitung, Aufgabenbeschreibung, Leistungsbeurteilungen, Sozialverhalten, Kündigungsgrund, Dankes-Bedauerns-Formel und Zukunftswünsche unterteilt.

Bereits die Einleitung zur Aufgabenbeschreibung ist nun ausführlicher: Herr Krone »war im Innendienst mit Digitalisierungsarbeiten und Katasterauswertungen betraut«. Anschließend wird erklärt, was darunter im Einzelnen zu verstehen ist. Es wird deutlich, dass es sich um ein anspruchsvolles, technisches Arbeitsgebiet handelt, zu dem beispielsweise »Vermessungsarbeiten mithilfe von CAD, Vor- und Nachbereitung von Messungen des Außendienstes« oder auch »Bestandsdokumentationen« gehörten. So entfaltet sich vor dem Leser des Zeugnisses Stück für Stück das berufliche Profil von Herrn Krone - und dieses Profil kann überzeugen!

Die einzelnen Leistungsbeurteilungen sind knapp, aber gut

Die einzelnen Leistungsbeurteilungen sind immer noch knapp gehalten, was aber vertretbar ist, denn schließlich handelt es sich bei dem Arbeitgeber nur um eine kleine Firma, die nicht wie ein Konzern über eine professionelle Personalabteilung verfügt. Die wichtigsten Angaben zur Arbeitsmotivation (»engagierten«), Arbeitsbefähigung (»belastbaren«) und Arbeitsweise (»zuverlässigen«) tauchen aber auf. Auch die zusammenfassende Leistungsbeurteilung ist durch den Zusatz »zu unserer« nun eindeutig gut. Im Sozialverhalten wird in dieser Version die richtige Reihenfolge eingehalten: Erst werden Vorgesetzte, dann die Mitarbeiter genannt. Und das Verhalten von Herrn Krone wird auch nicht mehr missverständlich als »freundlich«, sondern als »einwandfrei« bezeichnet.

Das krumme Austrittsdatum wurde verbessert

Auch das krumme Austritts- und Ausstellungsdatum ist in der verbesserten Version zugunsten der »glatten« Angabe »31. Januar 2015« verschwunden. Hier hatte der Zeugnisaussteller missverstanden, dass nicht der letzte Arbeitstag, also der 29. Januar 2015, sondern der letzte Tag des vertraglichen Beschäftigungsverhältnisses ins Zeugnis gehört.

Herr Krone wird seinem ehemaligen Chef, Herrn Schmidt, noch lange in positiver Erinnerung bleiben. Herr Schmidt war nämlich völlig begeistert von Herrn Krones neuem und guten Zeugnisentwurf. Und deshalb wird Herr Schmidt die überzeugende Vorlage als Basis für die Ausstellung künftiger Arbeitszeugnisse heranziehen.

Beispiel 9: Zeugnis Industriemechaniker

ZEUGNIS

Herr Christian Elwert, geboren am 5. Mai 1977, war in unserem Unternehmen in der Zeit von Juni 2018 bis Juni 2019 als Industriemechaniker beschäftigt.

Herr Elwert war bei uns in der Inbetriebnahme und Reparatur beschäftigt.
Die ihm übertragenen Aufgaben erledigte er stets zu unserer vollen Zufriedenheit.
Sein Verhalten gegenüber Vorgesetzten und Mitarbeitern war höflich und korrekt. Seine Führung gab keinen Anlass zu Beanstandungen.
Herr Elwert hat uns auf eigenen Wunsch verlassen.
Für seinen weiteren Werdegang wünschen wir ihm viel Glück.

Bremen, 2. Juli 2019

Spezialmaschinen GmbH

Schulze

Auch für Zeugnisse aus dem gewerblichen Bereich liegt die Messlatte mittlerweile höher

An Zeugnisse von Mitarbeitern aus dem gewerblichen Bereich wurden früher geringere Anforderungen gestellt als an solche von Angestellten oder Führungskräften. Mittlerweile werden aber auch gewerbliche Arbeitsfelder immer anspruchsvoller und damit für neue Arbeitgeber gleichzeitig erklärungsbedürftiger. Im vorliegenden Fall steht die Firma, für die der Industriemechaniker Christian Elwert arbeitet, kurz vor der Insolvenz. Die Untergangsstimmung im Unternehmen hat leider auch zu einem sehr fragwürdigen Zeugnis geführt.

Wenn es schon im Einleitungsabsatz des Zeugnisses heißt »Herr Christian Elwert ... war in unserem Unternehmen in der Zeit von Juni 2017 bis Juni 2018 als Industriemechaniker beschäftigt«, sieht es schlecht aus, denn ein unvollständiges Eintritts- beziehungsweise Austrittsdatum öffnet Spekulationen Tür und Tor. Da insbesondere beim Austrittsdatum die Tagesangabe fehlt, weiß man nicht, ob Herrn Elwert fristlos gekündigt worden ist. Es ist fast schon überflüssig zu erwähnen, dass auch die passive Formulierung »war ... beschäftigt« zum ungünstigen Gesamteindruck beiträgt. Es gibt aber noch weitere Formfehler:

Das Zeugnis wurde von einer Person namens Schulze unterschrieben. Wer ist Herr oder Frau Schulze? Eine Kollegin, der Insolvenzverwalter oder gar ein Auszubildender? Hier fehlt der wichtige, eindeutige Verweis auf die Stellung des Zeugnisverfassers in der betrieblichen Hierarchie.

Auch bei kurzer Beschäftigungsdauer besteht Anspruch auf ein qualifiziertes Zeugnis

Auch wenn Herr Elwert nur ein Jahr in der Spezialmaschinen GmbH gearbeitet hat, muss das nicht zwangsläufig bedeuten, dass man über den Umfang seiner Tätigkeiten und die Qualität seiner Arbeit nichts mitteilen kann. Die Rechtsprechung der Arbeitsgerichte garantiert schon bei einer Mitarbeit von mehreren Monaten den Anspruch auf ein qualifiziertes, also aussagekräftiges Zeugnis. Daher hätte man bei einer Beschäftigungsdauer von einem vollen Jahr mehr über die Arbeitsaufgaben von Herrn Elwert mitteilen müssen. Die bloße Angabe »Herr Elwert war bei uns in der Inbetriebnahme und Reparatur beschäftigt« ist zu knapp. Zudem taucht ein zweites Mal die passive Formulierung »war ... beschäftigt« auf, und das weckt bei dieser Wiederholung Zweifel an den Fähigkeiten von Herrn Elwert.

Untypische Formulierungen lassen Raum für Spekulationen

Untypische Beschreibungen in den einzelnen Leistungsbeurteilungen verstärken beim professionellen Leser bereits grundsätzlich vorhandene Zweifel. Wenn es also heißt »Sein Verhalten gegenüber Vorgesetzten und Mitarbeitern war höflich und korrekt« fragt man sich, welchen Stellenwert Höflichkeit bei Industriemechanikern hat. Hier ist der übliche Umgangston doch eher direkt, und es wird nicht jedes Wort auf die Goldwaage gelegt. Will man andeuten, dass Herr Elwert sich mehr höflich als korrekt verhalten hat? Wenn es dann noch heißt »Seine Führung gab keinen Anlass zu Beanstandungen«, wird damit das genaue Gegenteil ausgesagt: Es gab allerhand Beanstandungen.

Man weiß nicht, was an diesem Zeugnis schlimmer ist: die Kürze oder die Boshaftigkeiten, die enthalten sind. Herr Elwert sollte ausdrücklich darauf bestehen, dass das mangelhafte Zeugnis nachgebessert wird!

ZEUGNIS

Herr Christian Elwert, geboren am 5. Mai 1977 in Hamburg, trat am 6. Juni 2013 in unser Unternehmen als Industriemechaniker ein.

Zu seinen Aufgaben gehörten im Wesentlichen:
- Inbetriebnahme von Anlagen vor ihrer Auslieferung
- Kundenservice am Telefon sowie vor Ort
- Dokumentation und Aktualisierung der Servicehandbücher
- Anfertigung von SPS-Programmen (Step7)
- Planung von Umbauten und Erweiterungen sowie deren Realisierung

Herr Elwert zeichnete sich durch seine hohe Einsatzbereitschaft aus. Er ist ein belastbarer und kompetenter Mitarbeiter, der über umfassende mechanische und elektronische Fachkenntnisse verfügt. Daher konnte er sich jederzeit schnell in neue Aufgabenstellungen einarbeiten. Mit seinen Arbeitsergebnissen waren wir stets zufrieden. Die ihm übertragenen Aufgaben erledigte er stets zügig und zu unserer vollen Zufriedenheit.

Sein Verhalten gegenüber Vorgesetzten, Mitarbeitern und Kunden war jederzeit gut.

Herr Elwert scheidet auf eigenen Wunsch zum 30. Juni 2019 aus unserem Unternehmen aus. Wir bedauern seine Entscheidung, danken ihm für seine Arbeit und wünschen ihm weiterhin alles Gute.

Bremen, 2. Juli 2019

Spezialmaschinen GmbH

Schulze
Betriebsmeister

In der überarbeiteten Fassung des Arbeitszeugnisses werden das Eintrittsdatum (im Einleitungsabsatz) und das Austrittsdatum (im Schlussabsatz) korrekt angegeben. Das Ausstellungsdatum, »2. Juli 2019«, ist zwei Tage später als das Austrittsdatum. Das ist aber vertretbar, obwohl Austrittsdatum und Ausstellungsdatum im Idealfall übereinstimmen. Problematisch wäre es nur dann, wenn einige Monate zwischen den beiden Datumsangaben liegen. Bei der Unterschrift »Schulze« wird nun auch klar, wer das Zeugnis ausgestellt hat: Nämlich der Betriebsmeister Herr Schulze, also der direkte Vorgesetzte von Herrn Elwert.

Austritts- und Ausstellungsdatum können um einige Tage voneinander abweichen

Nicht nur ein guter Facharbeiter, sondern auch souverän im Kundenkontakt

Wie bereits vermutet, ist das Arbeitsfeld von Herrn Elwert durchaus anspruchsvoll. Zu seinen Aufgaben gehörten »Inbetriebnahme, Kundenservice am Telefon sowie vor Ort, Dokumentation, Anfertigung von SPS-Programmen« und »Planung und Realisierung von Umbauten und Erweiterungen«. Ganz wichtig dabei ist, dass nicht nur technische Aspekte der Arbeit beschrieben werden, sondern dass auch die Beratung von Kunden, die Erstellung der Servicehandbücher und die planerischen Tätigkeiten genannt werden. Der professionelle Leser erkennt so, dass Herr Elwert in seinem Arbeitsfeld nicht nur ein Mitarbeiter ist, der seine Aufgaben gut erledigt, sondern ebenfalls einen guten Draht zu den Kunden hat und weiß, dass sie nur dann bleiben, wenn man ihnen einen zuverlässigen Service bietet.

War in den einzelnen Leistungsbeurteilungen der schlechten Zeugnisversion noch die Rede vom höflichen Verhalten, werden nun passendere Beschreibungen verwandt. So lobt man die »hohe Einsatzbereitschaft« von Herrn Elwert, und darüber hinaus wird er als »belastbarer und kompetenter Mitarbeiter« charakterisiert. Auch das Fachwissen, die Arbeitsweise und die Arbeitsergebnisse werden als gut beurteilt. Daher entspricht auch die zusammenfassende Leistungsbeurteilung der Note 2.

Im Schlussabsatz wird nun alles Gute statt Glück gewünscht

Wünschte man Herrn Elwert im schlechten Zeugnis noch etwas abwertend »Glück« für seinen weiteren Werdegang, sind die Formulierungen im Schlussabsatz dieser Version nicht mehr so kritisch. Er kündigt von sich aus, sein Weggang wird bedauert und man wünscht ihm künftig »alles Gute«. Auch die Schlussformulierung ist in dieser Version also deutlich überzeugender.

Ein straff durchformuliertes Arbeitszeugnis, das die Stärken des Beurteilten sichtbar macht. Mit diesem guten Zeugnis hat es Herr Elwert bei späteren Bewerbungen erheblich leichter.

Beispiel 10: Zeugnis Zahnarzthelferin

Zeugnis

Frau Caroline Schwalm, geb. am 04. April 1994 in Bochum, ist seit dem 01. April 2016 als Zahnarzthelferin tätig.

Zu ihren Aufgaben gehörte die Stuhlassistenz, die Abrechnung, die Sichtprüfung von Prothesen, der allgemeine Schriftverkehr und die Rezeption.

Frau Schwalm war eine stets sehr gute Mitarbeiterin. Sie hat ihr Fachwissen durch regelmäßige Weiterbildungen erweitert. Sie arbeitete auch unter hohem Zeitdruck. Die Arbeitsqualität von Frau Schwalm war konstant gut.

Ihr Verhalten gegenüber Vorgesetzten, Kollegen und Patienten war nicht zu tadeln und jederzeit gut. Sie war eine ausgeglichene Mitarbeiterin, die sich stets bemühte, auch mit schwierigen Patienten gut zurechtzukommen.

Frau Schwalm verlässt unsere Praxisgemeinschaft zum 30. Juni 2019 auf eigenen Wunsch. Wir bedauern ihr Ausscheiden sehr.

Mönchengladbach, 15. August 2019

Jan Michalewski
Zahnarzt

Gesine Dentler
Zahnärztin

Ebenso wie bei Arbeitszeugnissen kleinerer Firmen ohne professionelle Personalabteilung sollte man auch bei Zeugnissen, die von Ärzten ausgestellt wurden, besonders aufmerksam sein. Denn diese Fachspezialisten kennen die Feinheiten der Zeugnissprache in der Regel nicht. Erschwerend kommt hinzu, dass heutzutage in den überlasteten Arztpraxen häufig eine stressige Arbeitsatmosphäre herrscht. Und da kann es schnell passieren, dass ein Zeugnis unbeabsichtigt Fehler und missverständliche Formulierungen enthält.

Austauschbares Profil ohne herausstechende Tätigkeiten

Schon die Einleitung verheißt nichts Gutes. Die beurteilte Frau Schwalm ist zwar »tätig«, leider wird aber nicht gesagt wo. Hier hätte es korrekt heißen müssen »als Zahnarzthelferin in unserer Gemeinschaftspraxis«. Auch die Aufgabenbeschreibung nach der Einleitung ist zu kurz. Es werden nur die üblichen Tätigkeiten wie »die Stuhlassistenz, die Abrechnung, die Sichtprüfung von Prothesen, der allgemeine Schriftverkehr und die Rezeption« genannt. Mit etwas mehr Mühe ließen sich sicherlich noch einige andere, anspruchsvollere Aufgaben finden. Dann würde zukünftigen Arbeitgebern das berufliche Profil von Frau Schwalm nicht so austauschbar erscheinen.

Häufige Weiterbildungen können auch als ein Sichdrücken vor der Arbeit gelesen werden

Die Leistungsbeurteilungen sind ein einziges Durcheinander. Eigentlich sind die ausstellenden Zahnärzte, Herr Michalewski und Frau Dentler, wohl zufrieden mit Frau Schwalm, denn sie beginnen die einzelnen Leistungsbeurteilungen gleich mit der zusammenfassenden Leistungsbeurteilung, und die lautet: »Frau Schwalm war eine stets sehr gute Mitarbeiterin«. Diese Bewertung ist top! Schade nur, dass dieses Gesamturteil nicht mit weiteren Fakten unterlegt wird. Man erfährt weder etwas zum Arbeitswillen, also der Motivation, noch zu den Arbeitsbemühungen, also dem Können. Auch der Hinweis »Sie hat ihr Fachwissen durch regelmäßige Weiterbildungen erweitert« wirkt nicht richtig überzeugend, denn es wird nicht erwähnt, welchen Nutzen die Weiterbildungen hatten. In so einem Fall kann schnell der Verdacht aufkommen, dass sich hier jemand vor der Arbeit gedrückt hat, indem er ständig zu Weiterbildungen außer Haus war.

Notenschwankungen von gut bis mangelhaft

Beim Sozialverhalten setzt sich das Chaos fort. Die Formulierung »war nicht zu tadeln« ist eindeutig mangelhaft, insbesondere in der Kombination mit dem Zusatz »die sich stets bemühte«. Bemühungen bedeuten übersetzt nämlich immer, dass bei den Anstrengungen leider nichts Brauchbares herausgekommen ist. Sicherlich waren die Formulierungen gut gemeint, aber leider bedeutet die Übersetzung in die Zeugnissprache die Note mangelhaft.

Mit diesem Zeugnis haben die beiden Zahnärzte Frau Schwalm keinen guten Dienst erwiesen, zumal es auch erst über sechs Wochen nach dem Austrittsdatum erstellt wurde. So geht es jedenfalls nicht!

Zeugnis

Frau Caroline Schwalm, geb. am 04. April 1994 in Bochum, ist seit dem 01. April 2016 als Zahnarzthelferin in unserer Gemeinschaftspraxis tätig.

Zu ihren Aufgaben gehörte die Stuhlassistenz, die Abrechnung nach BEMA und GOZ, die Durchführung von Prophylaxemaßnahmen, die Sichtprüfung von Prothesen, die Organisation der Rezeption, der allgemeine Schriftverkehr und die allgemeine Rezeptionstätigkeit.

Frau Schwalm war eine sehr einsatzfreudige und stets hoch belastbare Mitarbeiterin. Sie hat ihr Fachwissen sowohl im EDV-Bereich als auch im Assistenzbereich durch regelmäßige Weiterbildungen erweitert und zu unseren Gunsten eingesetzt. Sie arbeitete sehr konzentriert und auch unter hohem Zeitdruck zuverlässig. Die Arbeitsqualität von Frau Schwalm war konstant gut. Sie hat unsere Erwartungen stets gut erfüllt. Mit ihren Leistungen waren wir jederzeit in hohem Maße zufrieden.

Ihr Verhalten gegenüber Vorgesetzten, Kollegen und Patienten war jederzeit gut. Sie war eine ausgeglichene und teamorientierte Mitarbeiterin, die auch mit schwierigen Patienten stets gut zurechtgekommen ist.

Frau Schwalm verlässt unsere Praxisgemeinschaft zum 30. Juni 2019 auf eigenen Wunsch. Wir danken ihr für ihre stets guten Leistungen und bedauern ihr Ausscheiden sehr.

Mönchengladbach, 30. Juni 2019

Jan Michalewski
Zahnarzt

Gesine Dentler
Zahnärztin

Wichtige Gebührenordnungen werden genannt

Diese Aufgabenbeschreibung ist viel besser gelungen. Bei der Darstellung der Abrechnungsarbeit fallen die wichtigen Stichworte »BEMA und GOZ«. Es handelt sich dabei um standardisierte Gebührenrichtlinien, deren Beherrschung für eine Zahnarzthelferin, die auch in der Abrechnung tätig ist, beruflich sehr förderlich ist. Bei den Kernaufgaben als Zahnarzthelferin taucht nun neu der Hinweis »Durchführung von Prophylaxemaßnahmen« auf. Ebenfalls ergänzt wurde die »Organisation der Rezeption«, wobei vor allem die Absprache der Dienstzeiten gemeint ist. Organisationstalent ist also ein weiterer Pluspunkt im Profil von Frau Schwalm.

Auch die einzelnen Leistungsbeurteilungen sind nun vollständig, aussagekräftig und nachvollziehbar. Die Beschreibungen passen zum Berufsbild einer Zahnarzthelferin. Es ist die Rede von einer »sehr einsatzfreudigen und stets hoch belastbaren Mitarbeiterin«. Bei den Weiterbildungen ist jetzt auch der Hinweis »zu unseren Gunsten« enthalten. Frau Schwalm hat sich also nicht durch den Besuch von Seminaren vor der Arbeit gedrückt, sondern sie hat sich sinnvoll weiterqualifiziert und diese Kenntnisse auch gewinnbringend in die Praxis mit eingebracht. Die Arbeitsweise von Frau Schwalm wird nun als »sehr konzentriert und auch unter hohem Zeitdruck zuverlässig« beschrieben. Man sieht Frau Schwalm förmlich im weißen Kittel durch die Praxis wirbeln, wie sie den Zahnärzten eine rundum perfekte Hilfestellung bietet.

Der Nutzen der Weiterbildungen wird jetzt klar

Das Sozialverhalten von Frau Schwalm ist nun zutreffend bewertet. Das »jederzeit gute Verhalten« entspricht der Note 2. Die Ergänzung, dass sie »eine ausgeglichene und teamorientierte Mitarbeiterin« ist, die »auch mit schwierigen Patienten stets gut zurechtgekommen ist«, ist ein zusätzlicher positiver Hinweis im Block Sozialverhalten. Diese Beschreibung für den Umgang mit den Kollegen und Patienten passt hervorragend zu einer guten Zahnarzthelferin.

Überzeugender Schlussabsatz mit Dankes-Formel

Der Schlussabsatz war schon in der alten Version akzeptabel, aber hier wird er noch mit einer persönlichen Note garniert: Es werden wiederum der Kündigungsgrund und das Bedauern über das Ausscheiden von Frau Schwalm erwähnt, jetzt wird ihr aber zusätzlich auch »für ihre stets guten Leistungen« gedankt.

Glücklicherweise hat Frau Schwalm ihr Zeugnis anhand einer passenden Vorlage selbst optimiert. Die Zahnärzte waren ihr dankbar - und sie selber wird von der guten Version im weiteren Berufsleben profitieren.

Beispiel 11: Zeugnis Erzieherin

Zeugnis

Frau Daniela Krüger, geboren am 12. Februar 1968 in Kassel, war vom 01. Juli 2014 bis zum 31. August 2019 für die Kindertagesstätte Rübenracker tätig. Die Kindertagesstätte Rübenracker ist eine staatlich anerkannte Einrichtung der Kinderbetreuung. Sie ist nach BfK 12 (Betreuungsqualität für Kinder) qualitätszertifiziert.

Im Wesentlichen umfasste das Aufgabengebiet von Frau Krüger:
- Tages- und Wochenplanung für die Gruppe in Absprache mit der Gruppenleiterin
- Durchführung der geplanten Aktivitäten und pädagogischen Angebote
- Auswahl und Bereitstellung von geeignetem Spiel- und Lernmaterial
- Vorbereitung und Anwendung von Lernen durch Spielen
- Förderung der kindlichen Entwicklung durch Bewegung, Sport, Musizieren, Gesundheitsförderung und Ernährung
- Elternarbeit, beispielsweise Eingewöhnungs- und Entwicklungsgespräche
- Planung und Durchführung von Projekten zur Umwelterziehung
- Gruppenübergreifendes Arbeiten
- Vertretung der Gruppenleiterin und von Kolleginnen

Frau Krüger war jederzeit hoch motiviert und erledigte ihre Aufgaben mit viel Eigeninitiative und Engagement. Sie war eine ausdauernde und belastbare Mitarbeiterin, die auch unter fordernden Arbeitsbedingungen alle Aufgaben stets gut bewältigte.

Ihre soliden Fachkenntnisse wendete Frau Krüger durchgehend erfolgreich an. Ihr Wissen aktualisierte und erweiterte sie beständig durch die Teilnahme an pädagogischen Schulungen. Auch zu den Themengebieten Word, PowerPoint und Excel nahm sie an Workshops teil. Insgesamt setzte sie die erworbenen Kenntnisse immer wirksam und zu unserem Nutzen in der Praxis ein.

Bei der Erledigung ihrer Aufgaben ging Frau Krüger stets zuverlässig und systematisch vor. Die Qualität ihrer täglichen Arbeit erfüllte in vollem Umfang unsere hohen Erwartungen.

Frau Krüger hat die ihr übertragenen Aufgaben stets zu unserer vollsten Zufriedenheit erledigt. Aufgrund ihrer kooperativen Haltung war sie bei Vorgesetzten, Kollegen und den Erziehungsberechtigten der Kinder anerkannt und sehr beliebt. Zahlreiche positive Rückmeldungen der Eltern belegen, dass Frau Krüger den Umgang mit den Kindern stets partnerschaftlich und einfühlsam gestaltete. Dabei ging sie auf individuelle Bedürfnisse ein, griff Impulse der Kinder auf und vermittelte dazu neue Ideen. Ihre Leitmaxime war dabei das selbständige Handeln der Kinder.

→ FORTSETZUNG AUF DER NÄCHSTEN SEITE

Frau Krüger verlässt uns auf eigenen Wunsch, um sich neuen beruflichen Aufgaben zu widmen. Wir danken Frau Krüger für ihre stets überzeugenden Leistungen und die vertrauensvolle Zusammenarbeit. Für ihren weiteren Berufs- und Lebensweg wünschen wir Frau Krüger alles Gute und viel Erfolg.

Kassel, 31. August 2019

Kindertagesstätte Rübenracker
Lisa Müller
Leiterin

Wenn wir in unserer Beratungspraxis Schluss- oder Zwischenzeugnisse optimieren, achten wir darauf, dass das individuelle berufliche Profil der Beurteilten deutlich wird. Auch im hier vorgestellten Zeugnis der Erzieherin Frau Daniela Krüger ist dies gelungen. In pädagogischen Arbeitsfeldern gibt es ständig neue Trends und Methoden, daher ist es sinnvoll, dass die Weiterbildungsbereitschaft und das Interesse an pädagogischen Themen auch im Arbeitszeugnis betont werden.

Bei der Bewertung des Sozialverhaltens wird ausdrücklich auf den Umgang mit den Eltern hingewiesen. Frau Krüger bekam »zahlreiche positive Rückmeldungen«, ein eindeutiger Beleg dafür, dass die Mehrzahl der Eltern mit ihrem pädagogischen Engagement sehr zufrieden war.

Die Gesamtnote »Frau Krüger hat die ihr übertragenen Aufgaben stets zu unserer vollsten Zufriedenheit erledigt.« entspricht der Notenstufe »sehr gut«. Ein insgesamt sehr überzeugendes Arbeitszeugnis.

Beispiel 12: Zeugnis Betriebsmeister

ZEUGNIS

Herr Jens Dohrau, geboren am 22.12.1977 in Kiel, war vom 1. August 2012 bis zum 31. Oktober 2019 in unserem Unternehmen beschäftigt.

Sein Aufgabengebiet:
- Betreuung der Haustechnik
- Ausschreibung von Instandhaltungsmaßnahmen
- Vertragsverhandlungen mit Nachunternehmern
- Überwachung der Handwerkereinsätze
- Terminkontrolle

Herr Dohrau war ein sehr einsatzfreudiger Mitarbeiter, der jederzeit zusätzliche Arbeiten übernommen hat. Aufgrund seiner guten Kenntnisse kam er auch mit schwierigen Wartungsaufgaben gut zurecht. Er arbeitete sehr zügig. Hervorzuheben ist sein persönlicher Einsatz weit über normale Arbeitszeiten hinaus. Die ihm übertragenen Aufgaben löste er zu unserer vollen Zufriedenheit.

Mit den Vorgesetzten und beauftragten Handwerkern ist er stets zurechtgekommen.

Wir bekräftigen unsere Beurteilung von Herrn Dohrau, indem wir ihm für seine Leistungen danken und sein Ausscheiden bedauern. Wir wünschen diesem Mitarbeiter für die Zukunft beruflich und persönlich alles Gute.

Hamburg, 31. Oktober 2019

Einkaufspassage Zentrum GmbH & Co. KG

Gisela Schmitz
Center-Manager-Assistentin

Herr Jens Dohrau, ein Betriebsmeister in einem großen Einkaufscenter, hat sieben Jahre als »Hausmeister für alles« vollen Einsatz für seinen Arbeitgeber gebracht. Nun hat er sich bei einer Immobilienverwaltung erfolgreich beworben und hofft, dass es im neuen Job in Zukunft weniger stressig zugeht. Sein Arbeitszeugnis hat die Center-Manager-Assistentin Frau Schmitz ausgestellt, die erst seit einem halben Jahr in der Firma arbeitet und noch etwas unerfahren ist – leider ist das Zeugnis dementsprechend ausgefallen.

Die berufliche Position wird nicht beschrieben

Im Einleitungsabsatz steckt bereits der erste grobe Fehler. Eintritts- und Austrittsdatum sind zwar korrekt aufgeführt, aber es wird für Dritte gar nicht klar, als was Herr Dohrau denn »in unserem Unternehmen beschäftigt« war. Die Center-Manager-Assistentin hat schlichtweg vergessen, die berufliche Position von Herrn Dohrau zu nennen. Leider geht dieser Fehler zu seinen Lasten.

Es passiert natürlich gerade Berufsanfängern häufig, dass sie beim Ausstellen von Arbeitszeugnissen einige Dinge übersehen. Hier hat Frau Schmitz die Aufgaben von Herrn Dohrau nur grob skizziert. Sie hat sich wohl nicht getraut, ihn zu fragen, was er eigentlich genau gemacht hat, um sich keine Blöße zu geben. Stattdessen ist die Blöße nun in der Aufgabenbeschreibung zu finden, die viel zu knapp abgehandelt wird. Ein paar dürre Hinweise wie »Betreuung der Haustechnik, Ausschreibung von Instandhaltungsmaßnahmen« und »Terminkontrolle« sind für sieben Jahre Mitarbeit einfach zu wenig.

Zügiges Arbeiten könnte auch als Schludrigkeit ausgelegt werden

Die einzelnen Leistungsbeurteilungen fangen eigentlich gut an, schließlich wird Herr Dohrau als »sehr einsatzfreudiger Mitarbeiter« mit »guten Kenntnissen« charakterisiert. Problematisch wird dann aber die Beschreibung »Er arbeitete sehr zügig«. Tempo ist natürlich wichtig, aber auch nicht alles. Mit diesem Satz wird eigentlich angedeutet, dass er zwar schnell, dabei aber auch schludrig gearbeitet hat. Merkwürdig stößt auch auf, dass »sein persönlicher Einsatz weit über normale Arbeitszeiten hinaus« so betont wird, da er gleichzeitig in der zusammenfassenden Leistungsbeurteilung mit dem Satz »Die ihm übertragenen Aufgaben löste er zu unserer vollen Zufriedenheit« nur die Note 3 bekommt. Nun fragt man sich erst recht, ob Herr Dohrau bei seiner Arbeit tatsächlich nur Aktionismus und Hektik verbreitet hat, aber im Endergebnis keine Erfolge vorweisen konnte.

Sind unerwähnte Kollegen ein Indiz für mangelnden Teamgeist?

Im Sozialverhalten werden die Kollegen nicht genannt. Gab es etwa Probleme zwischen den Büromitarbeitern, insbesondere Frau Schmitz, und dem Praktiker Herrn Dohrau? Sehr problematisch ist auch, dass Frau Schmitz das Zeugnis unterschrieben hat. Das hätte eigentlich nur ein Vorgesetzter und nicht eine Assistentin tun dürfen.

Irgendwie ist in diesem Zeugnis vom Anfang bis zum Ende der Wurm drin. Hier ist ganz offensichtlich Verbesserungsbedarf vorhanden.

ZEUGNIS

Herr Jens Dohrau, geboren am 22.12.1977 in Kiel, war vom 1. August 2012 bis zum 31. Oktober 2019 als Betriebsmeister in unserem Unternehmen tätig.

Zu seinem Aufgabengebiet gehörte insbesondere die:
- Betreuung der gesamten Haus- und Betriebstechnik
- Ausschreibung, Vergabe und Abrechnung von Instandhaltungsmaßnahmen
- Vertragsgestaltung und -verhandlungen mit Nachunternehmern
- Koordination und Überwachung der Handwerkereinsätze
- Kontrolle und Verantwortung von Kosten und Terminen
- Kostenentwicklungs- und Leistungsmeldungen
- eigenständige Behebung von Notfällen

Herr Dohrau war ein sehr einsatzfreudiger Mitarbeiter, der jederzeit zusätzliche Arbeiten übernommen hat. Er beherrschte sein Aufgabengebiet in jeder Hinsicht. Aufgrund seiner guten technischen und handwerklichen Kenntnisse kam er auch mit schwierigen Wartungsaufgaben und insbesondere Notfällen gut zurecht. Er arbeitete sehr sorgfältig, zügig und effizient und erzielte stets gute Arbeitsergebnisse. Hervorzuheben ist sein persönlicher Einsatz, weit über normale Arbeitszeiten hinaus. Die ihm übertragenen Aufgaben löste er stets zu unserer vollen Zufriedenheit.

Mit den Vorgesetzten, Kollegen und beauftragten Handwerkern ist er stets gut zurechtgekommen. Er stellte im Firmeninteresse jederzeit persönliche Interessen zurück.

Wir bekräftigen unsere gute Beurteilung von Herrn Dohrau, indem wir ihm für seine Leistungen ausdrücklich danken und sein Ausscheiden sehr bedauern. Wir wünschen diesem tüchtigen Mitarbeiter für die Zukunft beruflich und persönlich alles Gute und weiterhin viel Erfolg.

Hamburg, 31. Oktober 2019

Einkaufspassage Zentrum GmbH & Co. KG

Marco Veneto
Center-Manager

Diesmal wird die berufliche Stellung von Herrn Dohrau - »Betriebsmeister« - im Einleitungsabsatz explizit genannt. Die anschließende Einleitung der Aufgabenbeschreibung ist mit dem Satz »Zu seinem Aufgabengebiet gehörte insbesondere die:« nun korrekt gewählt. Ein weiterer formaler Fehler ist ebenfalls verbessert worden: Der Zeugnisaussteller ist nun der Center-Manager, Herr Marco Veneto, und nicht mehr seine Assistentin Frau Schmitz.

Entscheidungs- und Verantwortungsspielräume werden ersichtlich

Schon rein optisch ist die überarbeitete Aufgabenbeschreibung viel länger. Statt magerer fünf Aufzählungspunkte gibt es nun ordentliche sieben, und diese sind auch mit mehr Inhalt gefüllt. Aus der »Betreuung der Haustechnik« wird nun die »Betreuung der gesamten Haus- und Betriebstechnik«. Herr Dohrau kann also nicht nur mit Steckdosen und Lichtschaltern umgehen, so wie jeder halbwegs qualifizierte Heimwerker, sondern hat zudem technisch anspruchsvolle Klima- oder Heizungsanlagen im Griff. Es heißt nicht mehr bloß »Ausschreibung von Instandhaltungsmaßnahmen«, sondern »Ausschreibung, Vergabe und Abrechnung von Instandhaltungsmaßnahmen«. So wird gleich deutlich, dass der Arbeitgeber Herrn Dohrau Entscheidungs- und Verantwortungsspielräume gegeben hat, die dieser auch regelmäßig genutzt hat.

Die Leistungsbeurteilungen spiegeln ein Allround-Talent wider

Die einzelnen Leistungsbeurteilungen wirken nun insgesamt runder. Es werden nicht nur die Einsatzfreude von Herrn Dohrau, sondern auch seine »guten technischen und handwerklichen Kenntnisse« aufgezählt. Seine Arbeitsweise wird in der verbesserten Version auch nicht bloß als »zügig«, sondern als »sehr sorgfältig, zügig und effizient« beschrieben. Ebenso werden die Arbeitserfolge mit dem Satz »erzielte stets gute Arbeitsergebnisse« gewürdigt. Da Herr Dohrau so gute einzelne Leistungsbeurteilungen bekommen hat, hat er eine zusammenfassende Leistungsbeurteilung mit der Note gut verlangt – und mit dem Satz »Die ihm übertragenen Aufgaben löste er stets zu unserer vollen Zufriedenheit« auch bekommen.

Diese gute Bewertung setzt sich im Sozialverhalten fort. Nun wird der unproblematische Umgang mit den »Kollegen« erwähnt, und in diesem Zusammenhang kann nun die Betonung seines persönlichen Einsatzes für die Firma nicht mehr negativ interpretiert werden. Die Dankes-Bedauerns-Formel und die Zukunftswünsche im Schlussabsatz sind ebenfalls überzeugend.

Herr Dohrau hat nun ein Zeugnis in den Händen, das seine umfangreiche Berufserfahrung und sein überdurchschnittliches Engagement für Außenstehende nachvollziehbar macht. Glückwunsch! Mit diesem Arbeitszeugnis ist er auf der sicheren Seite.

Beispiel 13: Zeugnis Controlling-Leiter

ZEUGNIS

Wir bestätigen, dass Herr Karsten B R E I T K R E U Z, geboren am 12. Mai 1972 in Stuttgart, seit dem 1. Januar 2019 in unserem Unternehmen als Leiter Controlling beschäftigt war.

Die Stelle enthält folgende Aufgaben:
- das gesamte Controlling-Spektrum
- die Entwicklung von Investitionsrichtlinien
- die Kalkulation von Änderungswünschen
- die Erstellung von Kostenberichten
- die Sicherstellung der betriebswirtschaftlichen Transparenz bei den Projekten

Wir lernten Herrn Breitkreuz als zuverlässigen und pflichtbewussten Mitarbeiter kennen. Auch anspruchsvolle Aufgaben bewältigte er, er arbeitete recht selbstständig und mit Erfolg. Seine Leistungen fielen zu unserer Zufriedenheit aus.

Sein Verhalten Besuchern, Mitarbeitern und Vorgesetzten gegenüber war stets höflich und korrekt. Da wir ihm nicht die berufliche Entwicklung anbieten konnten, die ursprünglich geplant war, verlässt uns Herr Breitkreuz heute auf eigenen Wunsch, was wir sehr bedauern. Wir respektieren seine Entscheidung und freuen uns, dass er nun eine Position bekommt, die seinen Vorstellungen mehr zu entsprechen vermag.

Wir danken Herrn Breitkreuz und wünschen ihm für die Zukunft viel Glück.

Freiburg, 2. Dezember 2019

Bauer *Schäfer*

Der Controlling-Leiter Karsten Breitkreuz glaubte, bei der Automobilzulieferer GmbH seinen Traumjob gefunden zu haben. Leider fand er im Rahmen seiner Arbeit heraus, dass sich die Firma schon länger in einer wirtschaftlichen Schieflage befand und die Insolvenz damit nur noch eine Frage der Zeit war. So machte er sich bereits nach kurzer Zeit auf die Suche nach einem neuen Arbeitgeber, den er auch bald fand. Da er das sinkende Schiff so schnell wieder verlassen hat, hat er nun gemischte Gefühle bei der Auswertung seines Arbeitszeugnisses.

Abwertende, passive Formulierungen im einleitenden Teil

Schon die ersten beiden Wörter im Einleitungsabsatz – »Wir bestätigen« – sind problematisch, denn sie klingen eher nach Behördendeutsch als nach einer gelungenen Zeugniseinleitung. So geht es weiter, denn gleich danach folgt die abwertende Passivformel »in unserem Unternehmen als Leiter Controlling beschäftigt war«, und unmittelbar daran schließt sich die nächste Abwertung an: Die Aufgabenbeschreibung wird eingeleitet mit dem Satz »Die Stelle enthält folgende Aufgaben«. Dabei wird bewusst auf die Personalisierung »Seine Stelle enthält …« verzichtet. Und das bedeutet übersetzt etwa, dass er in der Stelle eigentlich die folgenden Aufgaben hätte bewältigen müssen, es aber nicht konnte.

Unangemessene Aufgabenbeschreibung für die Position eines Controlling-Leiters

Der Umfang der Aufgabenbeschreibung ist recht dürftig: Es werden gerade einmal fünf Aufzählungspunkte knapp angerissen. Selbst für ein Zeugnis eines Controlling-Sachbearbeiters wäre das eigentlich zu wenig – und für einen Controlling-Leiter geht das schon gar nicht. Schließlich sind die knappen Aufgabenschilderungen nicht sehr aussagekräftig: Was heißt »das gesamte Controlling-Spektrum«? Und warum durfte er zwar die »Entwicklung von Investitionsrichtlinien« konzipieren, sie aber nicht realisieren? Gleiches gilt für die »Kalkulation von Änderungswünschen«. Handelt es sich bei Herrn Breitkreuz um einen Buchhalter, der zwar im stillen Kämmerlein kalkulieren, aber niemals eine Erfolgskontrolle seiner Berechnungen durchführen durfte?

Die einzelnen Leistungsbeurteilungen sind weitere Schläge unter die Gürtellinie. Es ist die Rede von einem »zuverlässigen und pflichtbewussten Mitarbeiter«, was stark nach einem Erbsenzähler klingt, der keine eigenen Entscheidungen treffen kann. Wenn ausgeführt wird, dass Herr Breitkreuz »recht selbstständig «arbeiten konnte, bedeutet das im Klartext: »Wir hätten uns gewünscht, dass er selbstständig gearbeitet hätte, er konnte es aber nicht.« Dementsprechend schlecht endet dieser Block auch mit der zusammenfassenden Leistungsbeurteilung »Seine Leistungen fielen zu unserer Zufriedenheit« aus, was lediglich der Note ausreichend entspricht.

Das gesamte Zeugnis taugt lediglich als abschreckendes Beispiel dafür, wie man es nicht machen sollte. Der Änderungsbedarf ist an vielen Stellen offensichtlich.

ZEUGNIS

Herr Karsten Breitkreuz, geboren am 12. Mai 1972 in Stuttgart, war seit dem 1. Januar 2019 in unserem Unternehmen als Leiter Controlling tätig. Er berichtete direkt der Geschäftsführung.

Sein Verantwortungsbereich umfasste im Wesentlichen:
- das gesamte Controlling-Spektrum, insbesondere das Reporting, die Jahresplanung, das Investitionscontrolling und die Mitwirkung bei der Bilanzerstellung
- die Entwicklung und Überprüfung von Investitionsrichtlinien
- die Verantwortung für die betriebswirtschaftliche Betreuung von Entwicklungsprojekten
- die Erstellung und Verfolgung von Investitionsanträgen
- die Kalkulation und Verfolgung von Änderungswünschen
- die regelmäßige Erstellung von Kosten- und Ergebnisberichten
- die Sicherstellung der betriebswirtschaftlichen Transparenz bei den Projekten

Herr Breitkreuz engagierte sich für seine Aufgaben mit großer Einsatzfreude, viel Begeisterung und Ausdauer. Aufgrund seiner hervorragenden Auffassungsgabe und Flexibilität konnte er sich schnell in die anspruchsvollen strategischen und operativen Aufgabenstellungen einarbeiten. Sein gutes Fachwissen und sein ausgezeichnetes Know-how in Datenbanken (Access, SQL, OLAP- und Data-Mining-Tools) befähigten ihn, Rationalisierungspotenziale konsequent zu identifizieren und eigenverantwortlich Effizienz- und Produktivitätssteigerungen zu realisieren.

Seine Aufgaben erledigte Herr Breitkreuz stets strukturiert, konzentriert und systematisch, wobei ihm sein Blick für das Wichtige und Wesentliche half. Die Qualität seiner Arbeit erfüllte stets unsere hohen Ansprüche. Besonders hervorzuheben ist das ausgeprägte Durchsetzungs- und Überzeugungsvermögen von Herrn Breitkreuz, so konnte er Veränderungsprozesse jederzeit zügig und erfolgreich umsetzen.

Herr Breitkreuz führte fünf Mitarbeiter und bis zu vier abteilungsübergreifende Projektgruppen parallel. Seinem Team ist er stets mit gutem Beispiel vorangegangen. Er war als Vorgesetzter anerkannt und beliebt und motivierte seine Mitarbeiter und die Projektgruppenmitglieder permanent zu hohen Leistungen. In seinem Team herrschte allzeit ein produktives und positives Arbeitsklima.

Er hat seine Aufgaben stets zu unserer vollen Zufriedenheit erfüllt und unseren Anforderungen in jeder Hinsicht entsprochen. Sein Verhältnis zu Vorgesetzten, Kollegen und Mitarbeitern war jederzeit vorbildlich.

→ FORTSETZUNG AUF DER NÄCHSTEN SEITE

Herr Breitkreuz hat das Angebot, in einem anderen Unternehmen eine umfassendere Leitungsaufgabe zu übernehmen, angenommen und verlässt uns daher zum 31. Dezember 2019 auf eigenen Wunsch. Es ist uns ein Anliegen, ihm für seine stets guten Leistungen zu danken. Wir verlieren mit ihm einen außergewöhnlich tüchtigen Mitarbeiter, was wir bedauern. Wir wünschen diesem vorbildlichen Mitarbeiter für den weiteren Berufs- und Lebensweg alles Gute und weiterhin viel Erfolg.

Automobilzulieferer GmbH

Freiburg, 31. Dezember 2019

Bauer	*Schäfer*
Geschäftsführer	Personaldirektor

Nicht nur Planer, sondern auch Umsetzer

Die Interventionen von Herrn Breitkreuz hatten Erfolg. Bereits die neue Aufgabenbeschreibung ist erheblich besser: Statt der zu knappen Angabe »das gesamte Controlling-Spektrum« heißt es nun überzeugend »das gesamte Controlling-Spektrum, insbesondere das Reporting, die Jahresplanung, das Investitionscontrolling und die Mitwirkung bei der Bilanzerstellung«. Wichtig ist außerdem, dass bei den weiteren Tätigkeiten nicht nur planerische Aufgaben auftauchen, sondern auch der Hinweis, dass Herr Breitkreuz deren Umsetzung durchgeführt und verantwortet hat. So heißt es jetzt »Entwicklung und Überprüfung von Investitionsrichtlinien, Erstellung und Verfolgung von Investitionsanträgen und Kalkulation und Verfolgung von Änderungswünschen«.

Individuelle Beurteilungen mit aussagekräftigen Beispielen

Die individuellen Stärken von Herrn Breitkreuz werden jetzt auch in den einzelnen Leistungsbeurteilungen deutlich. In der überarbeiteten Version werden nicht mehr formelhaft zwei, drei Sätze heruntergebetet, die auf jeden Mitarbeiter im Controlling passen – im Gegenteil, beim Arbeitswillen ist gleich die Rede von »großer Einsatzfreude, viel Begeisterung und Ausdauer«. Bei der Arbeitsbefähigung werden ausdrücklich »anspruchsvolle strategische und operative Aufgabenstellungen« genannt, und beim Fachwissen werden spezielle Kenntnisse in »Access, SQL, OLAP- und Data-Mining-Tools« aufgezählt. Die Arbeitsweise von Herrn Breitkreuz ist »strukturiert, konzentriert und systematisch«, und auch die Arbeitserfolge werden mit dem

Satz »Die Qualität seiner Arbeit erfüllte stets unsere hohen Ansprüche« mit der Note gut bewertet.

Auch das Führungsverhalten wird separat bewertet

Wichtig und unerlässlich für eine Führungskraft wie einen Controlling-Leiter ist, dass es nun einen ganzen Block über das Führungsverhalten gibt. Herr Breitkreuz wird als »anerkannter und beliebter Vorgesetzter« beschrieben, der »seine Mitarbeiter permanent zu hohen Leistungen motivierte«. Wichtig ist auch, dass in den Ausführungen zum Arbeitsklima zunächst die Rede vom »produktiven« und erst dann vom »positiven« Arbeitsklima ist. Damit wird betont, dass in seinem Team beziehungsweise seinen Projektgruppen die Bewältigung der Aufgaben im Vordergrund stand - und nicht etwa ein übertriebenes Streben nach Harmonie.

Im Schlussabsatz werden alle wichtigen Punkte überzeugend abgehandelt. Es wird deutlich, dass Herr Breitkreuz von sich aus gekündigt hat, die Firma dankt ihm für die »stets guten Leistungen« und wünscht ihm »für den weiteren Berufs- und Lebensweg alles Gute und weiterhin viel Erfolg«. Gerade weil es auf die Dankes-Bedauerns-Formel und die Zukunftswünsche keinen Rechtsanspruch gibt, zeugt dieser Satz davon, dass das Verhältnis zwischen Beschäftigtem und Unternehmen ungetrübt war.

Dank seiner Intervention ist es Herrn Breitkreuz gelungen, dass die wirtschaftliche Schieflage des Unternehmens nicht zu seinem persönlichen Karriereknick führt. Mit dem überarbeiteten Zeugnis kann er seiner weiteren beruflichen Entwicklung jetzt optimistisch entgegensehen.

Beispiel 14: Zeugnis Produktlinienmanager

Zeugnis

Herr Axel Klein, geboren am 28. Februar 1978 in Braunschweig, trat am 1. Januar 2013 als Produktlinienmanager unserem Unternehmen bei.

Das Aufgabengebiet von Herrn Klein umfasste im Wesentlichen:
- den Marketing-Mix
- die Konzeption von Vertriebsstrategien
- die Produkt- und Preispositionierung
- die Information anderer Unternehmensbereiche

Herr Klein erfüllte die Anforderungen seiner wichtigen Position. Er verband seine umfassende technische Kompetenz mit seinem ausgeprägten kaufmännischen Sachverstand. Sein Arbeitsstil war geprägt von Systematik und Kostenbewusstsein. Die Qualität seiner Arbeit erfüllte stets hohe Ansprüche.

Herr Klein war als Vorgesetzter beliebt. Aufgrund seines kooperativen Führungsstils war er bei der Führung von Arbeitsgruppen und Projektteams außerordentlich erfolgeich. Herr Klein hat seine Aufgaben zu unserer vollen Zufriedenheit erfüllt und unseren Erwartungen entsprochen.

Sein Verhalten gegenüber Mitarbeitern, Kollegen und Vorgesetzten war zufriedenstellend.

Herr Klein verlässt unser Unternehmen. Für die erfolgreiche und vertrauensvolle Zusammenarbeit danken wir ihm sehr. Für seinen weiteren Weg wünschen wir ihm alles Gute und weiterhin viel Glück und Gesundheit.

Sicherheits AG

Celle, 31. August 2019

Nicolas Starck
Bereichsleiter Produktion

Jan Seiwert
Personalleiter

Der Produktlinienmanager Axel Klein fand, dass es nach sechseinhalb Jahren erfolgreicher Arbeit für die Sicherheits AG an der Zeit sei, wieder einmal den Arbeitgeber zu wechseln. Seine Bewerbung hatte Erfolg. Nun bekommt er per Post das Arbeitszeugnis des alten Arbeitgebers - und ist entsetzt.

Indirekte Kritik im Einleitungssatz

Schon die Einleitung »Herr Axel Klein ... trat ... unserem Unternehmen bei« lässt erste Zweifel aufkommen. Diese Formulierung könnte nämlich absichtlich benutzt worden sein, um damit indirekt Kritik anklingen zu lassen, ganz nach dem Motto: »Er kam zu uns, aber mehr passierte dann auch nicht.« Auch die anschließende Aufgabenbeschreibung lässt kein überdurchschnittliches Profil erkennen. Im Gegenteil, die einzelnen Tätigkeiten werden viel zu knapp abgehandelt. Top-Kandidaten bekommen ein anderes Zeugnis.

Rechtschreibfehler werten das Zeugnis zusätzlich ab

Mit dem Satz »Herr Klein war als Vorgesetzter beliebt« werden seine Führungsfähigkeiten infrage gestellt. Vorgesetzte sollten respektiert, anerkannt oder geschätzt werden. Werden sie im Zeugnis aber als »beliebt« charakterisiert, heißt das im Klartext, dass ihm Durchsetzungsfähigkeit fehlte und seine Mitarbeiter mit ihm machen konnten, was sie wollten. Diese negative Einschätzung wird leider auch vom folgenden Satz »Aufgrund seines kooperativen Führungsstils war er ... außerordentlich erfolgeich« unterstützt. Im Wort »erfolgreich« fehlt der Buchstabe »r«. Handelt es sich hierbei um ein Versehen, oder will man dem professionellen Leser zwischen den Zeilen mitteilen, dass er nicht erfolgreich war?

Wird für die Zukunft Gesundheit gewünscht, lässt das auf häufiges Kranksein schließen

Im letzten Absatz tauchen weitere Zweifel an der Eignung von Herrn Klein auf. Schon im ersten Satz heißt es: »Herr Klein verlässt unser Unternehmen«. Eigentlich müsste es heißen »Herr Klein verlässt unser Unternehmen auf eigenen Wunsch«. Wenn aber nicht deutlich wird, dass er selbst gekündigt hat, wird man vermuten, dass ihm gekündigt wurde. Vielleicht weil er keine Leistung zeigte und als Führungskraft überfordert war? Skeptisch stimmt auch, dass man ihm für die »erfolgreiche und vertrauensvolle Zusammenarbeit« dankt, aber seinen Weggang nicht bedauert. Außerordentlich problematisch ist der Wunsch nach »Glück und Gesundheit«. Wünscht man einem Mitarbeiter Glück, bedeutet dies übersetzt: »Er konnte nichts, hoffentlich hat er zukünftig mehr Glück«, und wünscht man ihm Gesundheit, heißt das, dass er oft krank war.

Herr Klein hat zwar schon eine neue, bessere Stelle. Aber wenn es dort in der Probezeit nicht klappt und er sich deshalb nach kurzer Zeit erneut bewerben muss, wird er mit diesem schlechten Zeugnis Probleme bekommen. Daher sollte er dieses Zeugnis auf keinen Fall akzeptieren.

Zeugnis

Herr Axel Klein, geboren am 28. Februar 1978 in Braunschweig, war vom 1. Januar 2013 bis zum 31. August 2019 als Produktlinienmanager im Geschäftsbereich Sicherheitsproduktion in unserem Unternehmen tätig.

- Das Aufgabengebiet von Herrn Klein umfasste im Wesentlichen:
- Konzeption von Produkt- und Marketingstrategien unter Berücksichtigung der geltenden Marketingstrategien
- Planung, Durchführung und Kontrolle des Marketing-Mix
- Konzeption und Realisierung geeigneter Vertriebsstrategien
- Erstellung internationaler Markt- und Wettbewerberanalysen
- Produkt- und Preispositionierung
- Information und Koordination anderer Unternehmensbereiche im Hinblick auf die neuen Produktlinien

Herr Klein hatte stets eine gute Arbeitsmotivation und realisierte beharrlich die gesetzten Bereichs- und Unternehmensziele. Dank seines konzeptionellen und strategischen Denkvermögens, gepaart mit einem sicheren Sinn für das Machbare, erfüllte er die hohen Anforderungen jederzeit gut. Er verband seine umfassende technische Kompetenz mit seinem ausgeprägten kaufmännischen Sachverstand. Sein Arbeitsstil war jederzeit in hohem Maße geprägt von Systematik, Verantwortungs- und Kostenbewusstsein. Die Qualität seiner Arbeit erfüllte stets hohe Ansprüche. Besonders hervorzuheben ist sein fachübergreifendes, unternehmerisches Denken.

Herr Klein war als Vorgesetzter anerkannt und beliebt. Aufgrund seines offenen, sachlichen und kooperativen Führungsstils war er bei der Führung von Arbeitsgruppen und Projektteams außerordentlich erfolgreich. Herr Klein hat seine Aufgaben stets zu unserer vollen Zufriedenheit erfüllt und unseren Erwartungen in jeder Hinsicht gut entsprochen.

Sein Verhalten gegenüber Vorgesetzten, Kollegen und Mitarbeitern war stets gut.

Herr Klein verlässt unser Unternehmen auf eigenen Wunsch. Für die erfolgreiche und vertrauensvolle Zusammenarbeit danken wir ihm sehr und bedauern sein Ausscheiden. Für seinen weiteren Berufs- und Lebensweg wünschen wir ihm alles Gute und weiterhin viel Erfolg.

Sicherheits AG

Celle, 31. August 2019

Nicolas Starck Bereichsleiter Produktion	*Jan Seiwert* Personalleiter

Diesmal ist schon der Einleitungsabsatz zum Zeugnis gelungen. Die Formulierung »trat ... bei« ist ersetzt durch die Aktivformel »war ... tätig«, und auch der »Geschäftsbereich Sicherheitsproduktion« wird nun genannt. Ein Zeugnisleser weiß also gleich, in welchem Bereich dieser Produktlinienmanager Verantwortung übernommen hat. Aus formaler Sicht es auch wichtig, dass nun das Austrittsdatum, der »31. August 2010«, ausdrücklich genannt wird. In der ersten, schlechten Version konnte man sich das Austrittsdatum nur indirekt anhand des Ausstellungsdatums am Ende des Zeugnisses erschließen.

In der überarbeiteten Version ist das Aufgabengebiet von Herrn Klein umfangreicher und detaillierter beschrieben. Ein wesentlicher Aspekt, die »Erstellung internationaler Markt- und Wettbewerberanalysen«, wurde vorher gar nicht genannt. Nun wird aber klar, dass Herr Klein nicht nur im operativen Geschäft gearbeitet hat, sondern auch auf strategischer Ebene tätig war. Schließlich hatte er die internationalen Mitbewerber stets im Blick. Seine Fähigkeit, abteilungs- und bereichsübergreifend zu arbeiten, wird mit der Beschreibung »Information und Koordination anderer Unternehmensbereiche im Hinblick auf die neuen Produktlinien« ebenfalls viel deutlicher.

Eine umfassende Qualifikation wird ersichtlich

Generell und auch branchenübergreifend gilt, dass Führungskräfte gesucht werden, die über »Macherqualitäten« verfügen. Hier heißt es in den einzelnen Leistungsbeurteilungen beispielsweise: »Herr Klein hatte stets eine gute Arbeitsmotivation und realisierte beharrlich die gesetzten Bereichs- und Unternehmensziele«. Wenig später wird ausgeführt, dass er »einen sicheren Sinn für das Machbare« hat – damit sind seine Macherqualitäten eindeutig belegt. Als besonderer Erfolg wird in den einzelnen Leistungsbeurteilungen ausdrücklich sein »fachübergreifendes, unternehmerisches Denken« betont. Das ist natürlich eine gelungene Bestätigung für die Fähigkeit zur bereichsübergreifenden Arbeit, die schon in der Aufgabenbeschreibung erwähnt wurde.

Wichtige Führungseigenschaften wie Macherqualitäten und unternehmerisches Denken werden bescheinigt

Auch die Führungsfähigkeiten von Herrn Klein werden nun passend dargestellt. Er ist nicht mehr nur der beliebte Chef, der sein Fähnchen in den Wind hängt, denn nun heißt es: »Herr Klein war als Vorgesetzter anerkannt und beliebt«. Gelungen ist auch die treffendere Beschreibung seines Führungsstils. Statt als kooperativer Vorgesetzter wird er nun folgendermaßen charakterisiert: »Aufgrund seines offenen, sachlichen und kooperativen Führungsstils war er bei der Führung von Arbeitsgruppen und Projektteams außerordentlich erfolgreich«. Das

Nicht nur beliebte, sondern auch anerkannte Führungskraft

klingt nach einem Vorgesetzten, der die Auseinandersetzung mit seinen Mitarbeitern nicht scheut, aber dabei stets den Weg zurück zum Sachthema findet. Und diesmal ist das Wort »erfolgreich« richtig geschrieben, daher kommen auch keine Zweifel am tatsächlichen Erfolg auf.

Ein gutes Zeugnis für gute Arbeit

Herr Klein hat sechseinhalb Jahre lang für seinen alten Arbeitgeber erstklassige Arbeit geleistet und daher nun auch ein erstklassiges Zeugnis erhalten. Seine Einwände haben sich gelohnt!

Beispiel 15: Zeugnis Marketing-Analyst

ZEUGNIS

Herr Andreas Rudnitzky, geboren am 20. Oktober 1985 in Dresden, war vom 1. Oktober 2014 bis zum 30. Juni 2019 als Marketing-Analyst in unserem Unternehmen beschäftigt.

Die Aufgaben:
- Marketingpläne
- Relaunch des Erscheinungsbildes
- Direktmarketing-Maßnahmen
- Erfolgskontrolle
- Auswahl externer Dienstleister
- Koordination der gesamten Marketingaktivitäten
- Mitarbeit in Marketing-Projektteams

Herr Rudnitzky war hoch motiviert und verfügt über die Fähigkeit, Problemstellungen schnell zu analysieren und praktikable Lösungen zu entwickeln. Herr Rudnitzky besitzt ein umfassendes Fachwissen. Er erzielte stets sehr gute Erfolge. Besondere Verdienste erwarb sich Herr Rudnitzky mit der Konzeption und Realisierung der neuen Direktmarketing-Maßnahmen. Die ihm übertragenen Aufgaben erfüllte er stets zu unserer vollen Zufriedenheit.

Sein Verhalten gegenüber Geschäftspartnern, Kollegen und Vorgesetzten war immer einwandfrei. Wegen seiner freundlichen Art war er sehr beliebt.

Herr Rudnitzky verlässt uns auf eigenen Wunsch, um sich neuen beruflichen Aufgaben zu widmen. Für die Zusammenarbeit danken wir ihm. Wir bedauern sein Ausscheiden sehr und wünschen für den weiteren Berufs- und Lebensweg viel Glück.

Hamburg, 30. Juni 2019

Non-Food-Sales GmbH

Henning Staack
Leiter Verkauf & Marketing

Auch anhand dieses fehlerhaften Arbeitszeugnisses zeigt sich wieder einmal, dass Chefs, die gute Mitarbeiter verlieren, manchmal doch recht nachtragend sein können. Und wenn sich dann die Gelegenheit bietet, dem zu neuen Ufern strebenden Mitarbeiter einen Denkzettel zu verpassen, wird das Arbeitszeugnis in seiner Funktion leider missbraucht.

Entpersonalisierte Einleitung der Aufgabenbeschreibung

Der klassische Einleitungsfehler »war ... beschäftigt« sticht als Erstes unangenehm ins Auge. So negativ eingestimmt werden Personalprofis die folgende Aufgabenbeschreibung genau prüfen, und sie werden schon bei der Einleitung fündig, denn dort heißt es nur »Die Aufgaben« statt korrekterweise »Seine Aufgaben (umfassten im Wesentlichen)«. Unter Zeugnisexperten wird diese Entpersonalisierung als klarer Hinweis darauf verstanden, dass die Aufgaben im Zeugnis zwar geschildert werden, der Beurteilte aber grundsätzlich nicht mit ihnen zurechtgekommen ist.

War der Mitarbeiter in seinem Job überfordert?

In der eigentlichen Aufgabenbeschreibung werden leider nur Mindeststandards beschrieben, die ein besonderes Potenzial des beurteilten Marketing-Analysten Herrn Rudnitzky nicht erkennen lassen. Schon der erste knappe Aufzählungspunkt »Marketingpläne« ist gefährlich. Womit beschäftigt sich ein Marketing-Analyst denn sonst, wenn nicht mit Marketingplänen? Auch die weiteren Aufgaben werden nur knapp angerissen. Der Eindruck, dass Herr Rudnitzky von seinen Aufgaben überfordert war, setzt sich fort, wenn es beispielsweise nur »Direktmarketing-Maßnahmen« heißt. Hat er sie geplant, eingeführt oder zusätzlich auch realisiert?

Gab es Streit mit dem Vorgesetzten?

Beim Punkt Sozialverhalten wird dann klar, wo der Hase im Pfeffer liegt. Die Aufzählung »Sein Verhalten gegenüber Geschäftspartnern, Kollegen und Vorgesetzten war immer einwandfrei« macht deutlich, dass es Ärger mit dem Chef gab, denn üblicherweise werden erst die Vorgesetzten, dann die Kollegen und zu guter Letzt die Kunden genannt. Der Seitenhieb »Wegen seiner freundlichen Art war er sehr beliebt« trägt ebenfalls zu einem negativen Gesamtbild bei. Es kommt im Arbeitsleben nämlich nicht vorrangig darauf an, beliebt, sondern vielmehr anerkannt zu sein.

Hier ist dringend Handlungsbedarf geboten. Herr Rudnitzky sollte den Kontakt mit der Personalabteilung suchen und auf seine bisher guten Mitarbeiterbeurteilungen hinweisen. Außerdem sollte er auch mit seinem ehemaligen Chef sprechen und ihm erklären, dass sein Weggang nach fünf Jahren erfolgreicher Mitarbeit keine persönlichen Gründe hat, sondern den nächsten Karriereschritt einleiten soll.

ZEUGNIS

Herr Andreas Rudnitzky, geboren am 20. Oktober 1985 in Dresden, war vom 1. Oktober 2014 bis zum 30. Juni 2019 als Marketing-Analyst in unserem Unternehmen tätig.

Sein Aufgabengebiet umfasste folgende Schwerpunkte:
- Entwicklung und Umsetzung von Marketing- und Aktionsplänen
- Relaunch des Erscheinungsbildes (CI & CD)
- Konzeption und Realisierung von Direktmarketing-Maßnahmen
- Erfolgskontrolle von durchgeführten Maßnahmen
- Auswahl und Steuerung externer Dienstleister
- Koordination der gesamten Marketingaktivitäten mit Verkaufsleitung und Außendienst
- Mitarbeit in europäischen Marketing-Projektteams

Herr Rudnitzky war hoch motiviert und realisierte beharrlich die gesteckten Ziele. Er verfügt über die Fähigkeit, Problemstellungen schnell zu erfassen, zu analysieren und praktikable Lösungen zu entwickeln. Herr Rudnitzky besitzt ein umfassendes und aktuelles Fachwissen und erledigte seine Aufgaben stets selbstständig und planvoll. Er erzielte stets sehr gute Erfolge. Besondere Verdienste erwarb sich Herr Rudnitzky mit der Konzeption und Realisierung der neuen Direktmarketing-Maßnahmen. Trotz der schwierigen Wettbewerbslage hat er maßgeblich zum Turnaround unserer wichtigsten Produktlinie beigetragen. Die ihm übertragenen Aufgaben erfüllte er stets zu unserer vollen Zufriedenheit.

Sein Verhalten gegenüber Vorgesetzten, Kollegen und Geschäftspartnern war immer einwandfrei. Wegen seiner zuverlässigen und freundlichen Art war er sehr anerkannt und beliebt.

Herr Rudnitzky verlässt uns auf eigenen Wunsch, um sich neuen beruflichen Aufgaben zu widmen. Für die erfolgreiche und vertrauensvolle Zusammenarbeit danken wir ihm. Wir bedauern sein Ausscheiden sehr und wünschen für den weiteren Berufs- und Lebensweg alles Gute und weiterhin viel Erfolg.

Hamburg, 30. Juni 2019

Non-Food-Sales GmbH

Henning Staack
Leiter Verkauf & Marketing

Christine Ricci
Personalleiterin

Der kleine Schnitzer in der Einleitung »war ... beschäftigt« sowie der große vor der Aufgabenbeschreibung »Die Aufgaben« sind nun beide beseitigt. Richtigerweise heißt es jetzt »war ... tätig«

und »Sein Aufgabengebiet umfasste folgende Schwerpunkte«. Damit werden zukünftige Leser des Zeugnisses gar nicht erst auf eine falsche Fährte gelockt, sondern gleich zur Sichtung der Aufgabenbeschreibung wechseln.

Ein erfolgsorientierter und beharrlicher Mitarbeiter

Gerade in wirtschaftlich schwierigen Zeiten wird auf erfolgs- und umsetzungsorientierte Mitarbeiter viel Wert gelegt, vor allem auch in den Bereichen Marketing und Vertrieb. Daher passt es gut, wenn der erste Satz in der Aufgabenbeschreibung »Entwicklung und Umsetzung von Marketing- und Aktionsplänen« lautet. Hieran kann man gleich erkennen, dass Herr Rudnitzky seine selbst gesteckten Ziele auch beharrlich verfolgt. Bei den »Direktmarketing-Maßnahmen« wird ergänzt, dass Herr Rudnitzky sie auch »konzipiert und realisiert« hat, und aus der »Mitarbeit in Marketing-Projektteams« wird eine »Mitarbeit in europäischen Marketing-Projektteams« - ein kleiner, aber feiner Unterschied!

Ausgezeichnete Beurteilung mit Erwähnung besonderer Erfolge

Insgesamt wirken die einzelnen Leistungsbeurteilungen aussagekräftiger, allein schon weil sie umfangreicher sind. Es fallen die wichtigen Stichwörter »hoch motiviert«, »realisierte beharrlich«, »praktikable Lösungen«, »umfassendes und aktuelles Fachwissen«, »stets selbstständig und planvoll« und »stets sehr gute Erfolge«. Abgerundet wird diese ausgezeichnete Bewertung mit dem Hinweis auf die besonderen Verdienste von Herrn Rudnitzky im »Direktmarketing«. Der Vermerk »Trotz der schwierigen Wettbewerbslage hat er maßgeblich zum Turnaround unserer wichtigsten Produktlinie beigetragen« ist das Sahnehäubchen auf den guten Bewertungen. Wer würde diesen guten Marketing-Analysten nicht in seinem Team haben wollen?

Gutes Sozialverhalten

Die Bewertung des Sozialverhaltens ist in dieser Version ebenfalls korrigiert worden. Die Reihenfolge ist diesmal korrekt, denn es heißt »Sein Verhalten gegenüber Vorgesetzten, Kollegen und Geschäftspartnern war immer einwandfrei«. Nun wird klar, dass Herr Rudnitzky ein geschätzter Kollege war, der auch zu seinen Vorgesetzten ein problemloses Arbeitsverhältnis hatte.

Wie gut, dass sich der verärgerte Chef dank der gemeinsamen Anstrengungen von Herrn Rudnitzky und der Personalleiterin Frau Ricci doch noch besänftigen ließ. Das Zeugnis ist nun wirklich gelungen. Die Emotionen des Chefs sind zwar nicht entschuldbar, aber zumindest nachvollziehbar, da ihn schließlich ein ausgezeichneter Mitarbeiter verlässt. Vielleicht hätte er früher registrieren müssen, dass Leistungsträger auch bei anderen Unternehmen begehrt sind ...

Beispiel 16: Zeugnis Mediaberaterin

ZEUGNIS

Frau Janina S u h r k a m p, geboren am 02. Februar 1982 in Augsburg, war seit dem 01. April 2009 als Mediaberaterin am Standort Hamburg beschäftigt.

Im Einzelnen gehörte zu ihren Aufgaben:

- Betreuung von Publishing-Publikationen und Internetauftritten
- Akquisition von Neukunden
- Kundebetreuung
- Angeboterstellung
- Datenpfege

Frau Suhrkamp verfügte über eine stets gute Leistungsbereitschaft. Sie war eine sachkundige Mitarbeiterin und zeichnete sich stets durch ihren Arbeitsstil aus. Ihre Arbeitsergebnisse waren nicht zu beanstanden. Insgesamt haben ihre Leistungen stets in bester Weise unseren Erwartungen entsprochen.

Ihr Verhalten gegenüber Kollegen war einwandfrei.

Frau Suhrkamp scheidet zum 31. Dezember 2019 aus unserem Unternehmen aus. Es ist uns ein Anliegen, ihr für ihre stets guten Leistungen zu danken. Wir verlieren mit ihr eine gute Mitarbeiterin, was wir bedauern.

Frank Seehofer
Verkaufsassistent

Frau Janina Suhrkamp, die mehr als fünf Jahre als Mediaberaterin gearbeitet hat, hat gekündigt, da sie sich entschlossen hat, nun doch noch einmal zu studieren. Mit ihrer Arbeit ist sie eigentlich stets gut zurechtgekommen. Umso mehr ist sie über den merkwürdigen Entwurf ihres Abschlusszeugnisses erstaunt. Glücklicherweise hat sie die Firma bereits um eine Stellungnahme dazu und um einige Änderungen gebeten.

Fehler in der Einleitung

Der Einleitungsabsatz im Zeugnis sollte auf keinen Fall so bleiben, wie er jetzt ist. Zum einen stört die passive Beschreibung »Frau Janina Suhrkamp ... war ... beschäftigt«. Zum anderen wird die Abteilung nicht genannt, in der Frau Suhrkamp gearbeitet hat. Stattdessen heißt es lediglich »war ... als Mediaberaterin am Standort Hamburg beschäftigt«.

Haufenweise Rechtschreibfehler lassen auf Absicht schließen

Auch die an die Einleitung anschließende Aufgabenbeschreibung hat einen eher wortkargen Charakter. Bereits vor dem Lesen der fünf aufgezählten Tätigkeiten fällt dem Betrachter auf, dass die Punkte drei bis fünf aus jeweils nur einem einzigen Wort bestehen. Das ist zu wenig. Außerdem sind im Zeugnis auch zahlreiche Rechtschreibfehler enthalten. Im Wort »Kundenbetreuung« fehlt der Buchstabe »n«, es heißt bloß »Kundebetreuung«, in der »Angebotserstellung« wurde das »s« vergessen und dann fehlt auch noch in der »Datenpflege« das »l«, wodurch dieses Wort zur »Datenpfege« verkümmert. Zeugnisprofis würden an dieser Stelle ganz eindeutig davon ausgehen, dass es sich nicht um Flüchtigkeitsfehler handelt, die zulasten des Zeugnisausstellers gehen, sondern dass hier eine unwillige, unfähige oder faule Mitarbeiterin indirekt gebrandmarkt werden soll.

Es überrascht nun nicht mehr, dass auch die einzelnen Leistungsbeurteilungen gravierende Fehler enthalten. Die angesprochene »stets gute Leistungsbereitschaft« ist noch in Ordnung, aber nach dieser Ausführung zum Arbeitswillen (Motivation) wird nichts mehr zur Arbeitsbefähigung (Können) gesagt. Wollte Frau Suhrkamp also gerne, konnte aber nicht? Was mit der Formulierung »Sie ... zeichnete sich durch ihren Arbeitsstil aus« gemeint ist, wird wohl ewig das Geheimnis des Verfassers bleiben. Und die »nicht zu beanstandenden Arbeitsergebnisse« bedeuten, dass die Ergebnisse in Wirklichkeit keinesfalls akzeptabel waren und durchgehend der Note mangelhaft entsprechen.

Auch wenn es sich nur um einen Entwurf handelt: Dieses Zeugnis ist ein totaler Reinfall für Frau Suhrkamp. Sie sollte so schnell wie möglich mit ihrem gelungenen Gegenentwurf zu ihrem Vorgesetzten gehen – hier hat schließlich auch nur der Verkaufsassistent unterschrieben!

ZEUGNIS

Frau Janina S u h r k a m p, geboren am 02. Februar 1982 in Augsburg, war seit dem 01. April 2014 als Mediaberaterin in der Abteilung Anzeigenverkauf am Standort Hamburg tätig.

Im Einzelnen gehörte zu ihren Aufgaben:

- Betreuung der aktuellen Publishing-Publikationen sowie der begleitenden Internetauftritte (Websites)
- Akquisition von Neukunden im In- und Ausland
- Betreuung eines bereits bestehenden Kundenstammes
- Ausarbeiten von kundenspezifischen Angeboten und selbstständiges Führen von Verhandlungen auf Basis der internen Leitlinien
- Erstellung und Pflege aller kontaktbezogenen Kundendaten und Kundeninformationen
- regelmäßige Mitarbeit in der Arbeitsgruppe Optimierung von Verkauf und Marketing

Frau Suhrkamp verfügte über eine stets gute Leistungsbereitschaft, sie beherrschte ihr Aufgabengebiet in jeder Hinsicht gut und realisierte beharrlich die vorgegebenen Vertriebsziele. Sie war eine sachkundige und vielseitig einsetzbare Mitarbeiterin und zeichnete sich stets durch einen sorgfältigen und effizienten Arbeitsstil aus. Ihre Arbeitsergebnisse waren immer von guter Qualität. An ihrer Mitarbeit sind ihr verkäuferisches Talent, ihre Durchsetzungsstärke und ihr Teamgeist hervorzuheben, die es ihr ermöglichten, sich auch in einer schwierigen Branchen- und Marktsituation zu behaupten. Insgesamt haben ihre Leistungen stets in bester Weise unseren Erwartungen entsprochen.

Ihr Verhalten gegenüber Vorgesetzten, Mitarbeitern und Geschäftspartnern war jederzeit gut.

Frau Suhrkamp scheidet zum 31. Dezember 2019 auf eigenen Wunsch aus unserem Unternehmen aus. Es ist uns ein Anliegen, ihr für ihre stets guten Leistungen zu danken. Wir verlieren mit ihr eine außerordentlich tüchtige Mitarbeiterin, was wir bedauern. Wir wünschen dieser engagierten Mitarbeiterin auf ihrem weiteren Lebensweg alles Gute und weiterhin viel Erfolg.

München, 31. Dezember 2019

Annika Burske
Anzeigenleiterin Hamburg und München

Formalien wie Ausstellungsort, -datum und Unterschrift sind stimmig

Die zahlreichen formalen Mängel des Zeugnisses sind jetzt beseitigt. In der Einleitung wird die Aktivformel »Frau Janina Suhrkamp ... war ... tätig« benutzt und die »Abteilung Anzeigenverkauf« wird genannt. Am Ende des Zeugnisses taucht der in der schlechten Version fehlende Ausstellungsort samt dem dazugehörigen Ausstellungsdatum auf. Dem professionellen Leser wird nun auch klar, warum der erste Entwurf so misslungen war: Er wurde nämlich vom Verkaufsassistenten Frank Seehofer verfasst, der mit dieser Aufgabe entweder überfordert war oder Frau Suhrkamp bewusst kritisieren wollte. Nun schließt das Zeugnis mit der Unterschrift der zuständigen Vorgesetzten Annika Burske, der Anzeigenleiterin Hamburg und München.

Umfangreiche Aufgabenbeschreibung ohne Rechtschreibfehler

Stellt man die viel zu knappe Aufgabenbeschreibung des ersten Entwurfes der neuen, umfangreichen Version des zweiten Zeugnisses gegenüber, ist das ein Unterschied wie Tag und Nacht. Statt des auch noch falsch geschriebenen Wortes »Angeboterstellung« heißt es nun »Ausarbeiten von kundenspezifischen Angeboten und selbstständiges Führen von Verhandlungen auf Basis der internen Leitlinien«. Und statt »Datenpfege« findet sich jetzt der aussagekräftige Satz »Erstellung und Pflege aller kontaktbezogenen Kundendaten und Kundeninformationen«. Frau Suhrkamp hat also nicht einfach Daten am PC eingegeben, sondern sie hat wichtige Kundendaten und die dazugehörigen Kundeninformationen - beispielsweise die Namen der Ansprechpartner, wichtige Umsatzgrößen oder bevorzugte Magazine zur Anzeigenschaltung - systematisch in einer neu aufgebauten Datenbank erfasst.

Fazit: Beherrscht die Kernaufgaben des Jobs souverän

Für den Block der Leistungsbeurteilungen gilt, dass er dann positiv auffällt, wenn deutlich wird, dass die im Zeugnis beurteilte Person die Kernaufgaben der Stelle im Griff hat. Die Positionsbezeichnung von Frau Suhrkamp ist zwar Mediaberaterin, doch davon sollte man sich nicht täuschen lassen, denn vorrangig geht es dabei nicht um beratende, sondern um verkäuferische Tätigkeiten. Frau Suhrkamp muss Erfolge im Anzeigenverkauf vorweisen, und das hat sie auch getan. Dementsprechend heißt es nun auch »sie beherrschte ihr Aufgabengebiet in jeder Hinsicht gut und realisierte beharrlich die vorgegebenen Vertriebsziele«. Es wird sogar ausdrücklich auf die »schwierige Branchen- und Marktsituation« Bezug genommen, in der sich Frau Suhrkamp mit »ihrem verkäuferischen Talent, ihrer Durchsetzungsstärke und ihrem Teamgeist« behauptet hat. Damit ist die zusammenfassende Leistungsbeurteilung »Insgesamt haben ihre Leistungen stets in bester Weise unseren

Erwartungen entsprochen« - die der Note gut entspricht - auch glaubwürdig.

Wie gut, dass Frau Suhrkamp nicht blind darauf vertraut hat, dass die Firma ihr wegen der guten Mitarbeit auch ein gutes Zeugnis ausstellen würde. Mit dem neuen, gelungenen Abschlusszeugnis verfügt sie über eine überzeugende Basis, um sich damit nach dem angestrebten Studium erfolgreich bewerben zu können.

Beispiel 17: Zeugnis Mitarbeiter Sales

Zeugnis

Herr Kevin Müller, geboren am 12. August 1964 in Stuttgart, war seit dem 01. Januar 2013 in unserem Unternehmen als Mitarbeiter Sales in der Abteilung Sales & Marketing tätig.

Sein Aufgabenbereich umfasste im Wesentlichen:
- Kundenbetreuung und Angebotserstellung für Neu- und Bestandskunden einschließlich Kalkulation und Wirtschaftlichkeitsberechnung
- Kalkulation und Verfolgung von Änderungswünschen
- Präsentation des Produktbereiches
- Entwicklung von Maßnahmen zur Kundenbindung (Messe-Events)
- Mitarbeit an der Entwicklung neuer Vertriebsstrategien
- Projektbezogene Zusammenarbeit mit Area Sales Management und Marketing (dezentrale Verkaufsaktionen)
- Coaching von neuen Vertriebskollegen und -kolleginnen

Herr Müller engagierte sich für seine Aufgaben mit ausgeprägter Einsatzfreude, Begeisterung und Ausdauer. Aufgrund seiner sehr schnellen Auffassungsgabe und seiner erstklassigen Fach- und Branchenkenntnisse konnte er sich in kürzester Zeit in die anspruchsvollen und umfangreichen Aufgabenstellungen einarbeiten.

Herr Müller war ein sehr sachkundiger und planvoll vorgehender Mitarbeiter. Seine Aufgaben erledigte er stets strukturiert, konzentriert und systematisch, wobei ihm sein Blick für das Wichtige und Wesentliche half. Die Qualität seiner Arbeit entsprach stets unseren hohen Ansprüchen und übertraf sie regelmäßig. Besonders hervorzuheben ist das ausgeprägte Verhandlungsgeschick von Herrn Müller, so konnte er immer wieder neue Kunden gewinnen und Bestandskunden erneut mit passenden und überzeugenden Angeboten erfolgreich an unser Unternehmen und unsere Produkte binden.

Er hat seine Aufgaben stets zu unserer vollsten Zufriedenheit erfüllt und unseren sehr hohen Anforderungen in jeder Hinsicht in allerbester Weise entsprochen. Sein Verhältnis zu Vorgesetzten und Kollegen war jederzeit vorbildlich. Aufgrund seines sicheren Auftretens und seiner zuvorkommenden Art wurde er auch von unseren Kunden als Ansprech- und Geschäftspartner überaus geschätzt.

Herr Müller hat das Angebot, in einem anderen Unternehmen eine Leitungsaufgabe zu übernehmen, angenommen und verlässt uns daher zum 31. Dezember 2019 auf eigenen Wunsch. Es ist uns ein Anliegen, ihm für seine stets sehr guten Leistungen zu danken. Wir verlieren mit ihm einen außergewöhnlich tüchtigen Mitarbeiter, was wir bedauern. Wir wünschen diesem vorbildlichen Mitarbeiter für den weiteren Berufs- und Lebensweg alles Gute und weiterhin so viel Erfolg.

Sales & Service GmbH

Stuttgart, 31. Dezember 2019

Hans Kafka	*Nina Schnell*
Vertriebsleiter	Marketingleiterin

Schluss- und Zwischenzeugnisse gewinnen dann an Aussagekraft, wenn sie wesentliche Bestandteile der täglichen Arbeit aufgreifen und bewerten. In diesem Zeugnis für Herrn Kevin Müller, einen Mitarbeiter Sales, ist der wesentliche Bestandteil der erfolgreiche Umgang mit Kunden. Es wird betont, dass Herr Müller immer wieder Neukunden gewinnen konnte, passende Angebote erstellt hat und auch die dazugehörigen Verkaufsabschlüsse erzielen konnte.

Auch im Bewertungsblock zum Sozialverhalten werden das sichere Auftreten und die zuvorkommende Art ausdrücklich lobend erwähnt. Abgerundet wird die insgesamt »sehr gute« Bewertung weiter durch die Betonung des Engagements und der Ausdauer von Herrn Müller.

Auch noch nach fünf oder zehn Jahren wird dieses Zeugnis in den Bewerbungsunterlagen für positive Aufmerksamkeit sorgen. Ein Top-Zeugnis für die weitere Karriereentwicklung!

Beispiel 18: Zeugnis Bürokauffrau

Zeugnis

Frau Claudia Huber, geboren am 26. August 1993 in Berlin, war in der Zeit vom 01. Oktober 2017 bis zum 30. Juni 2019 als Bürokauffrau in der Abteilung Service und After Sales in unserem Unternehmen tätig.

Ihre Aufgaben umfassten im Wesentlichen:
- Unterstützung der Mitarbeiter im Service
- Erfassung der Störungsaufträge (einschließlich Rufbereitschaft am Wochenende)
- Steuerung von Technikereinsätzen
- Allgemeine Sekretariatsaufgaben (Kundenkorrespondenz)
- Telefonische Kundenbetreuung
- Lieferscheinerfassung mittels SAP
- Erstellung von Rechnungen und Statistiken
- Vertretungsweise Postbearbeitung und allgemeine Verwaltungsaufgaben am Empfang

Frau Huber führte alle Aufgaben stets mit großem Elan und Pflichtbewusstsein aus. Die Anforderungen ihrer Position bewältigte sie auch bei starkem Arbeitsanfall stets gut. Sie besitzt ein detailliertes Fachwissen, mit dessen Hilfe sie auch anspruchsvolle Aufgabenstellungen erfolgreich löste. Frau Huber arbeitete durchgehend planvoll, konzentriert und sehr gründlich. Die Qualität ihrer Arbeit erfüllte stets hohe Ansprüche. Die Leistungen von Frau Huber verdienten stets unsere volle Anerkennung.

Ihr Verhalten gegenüber Vorgesetzten und Kollegen war jederzeit gut. Sie ist eine ausgesprochen teamorientierte Mitarbeiterin, die ihre Kolleginnen und Kollegen in schwierigen Fällen sehr erfolgreich mit ihrer Kompetenz und ihrem Engagement unterstützte.

Frau Huber scheidet auf eigenen Wunsch aus unserem Unternehmen aus. Wir danken ihr für ihre stets guten Leistungen und bedauern, diese engagierte Mitarbeiterin zu verlieren. Wir wünschen Frau Huber auf ihrem weiteren Berufs- und Lebensweg alles Gute und weiterhin viel Erfolg.

Produkt AG

Erfurt, 31. Dezember 2019

Wolfgang Langer	*Fritz Schmidt*
Serviceleiter	Personalleiter

In den Personalabteilungen sind sogenannte »Jubelarien« gefürchtet. Damit sind überlange Arbeitszeugnisse gemeint, die so übertrieben positiv ausformuliert worden sind, dass sich die angestrebte positive Bewertung dadurch ins Gegenteil verkehrt hat. Dieser Fehler ist im Zeugnis der Bürokauffrau Claudia Huber nicht gemacht worden. Im Gegenteil, das Zeugnis ist klar strukturiert und eher knapp gehalten, dafür aber glaubwürdig.

Der Aufgabenblock überzeugt und auch wichtige Teilaspekte wie Motivation, Belastungsfähigkeit, Arbeitsweise und Arbeitsqualität werden explizit positiv bewertet. Im Sozialverhalten wird die in diesem Arbeitsfeld wichtige Teamfähigkeit positiv hervorgehoben.

Die Gesamtnote »gut« wird mit diesem Zeugnis nachvollziehbar vergeben.

Beispiel 19: Zeugnis Personalleiterin

ZEUGNIS

Frau Gisela Schröder, geb. am 07. Dezember 1977 in Heide, war vom 01. Januar 2012 bis zum 30. Juni 2019 bei uns als Personalleiterin beschäftigt.

Ihr Aufgabengebiet beinhaltete folgende Schwerpunkte:
- Führung des gesamten Personalbereiches mit den dazugehörigen Aufgaben
- Zusammenarbeit mit Betriebsräten
- Mitarbeit bei Tarifverhandlungen
- Personeller Aufbau neuer Unternehmensstandorte
- Verantwortung von Mitarbeiterentwicklungskonzepten

Die Leistungsmotivation von Frau Schröder war konstant gut. Sie verfügt über eine bemerkenswerte Auffassungsgabe, die ihr dabei half, sich schnell einzuarbeiten. Frau Schröder besitzt gute Englischkenntnisse. Sie nahm an zahlreichen Weiterbildungsveranstaltungen teil. Frau Schröder zeichnete sich bei der Erledigung ihrer Aufgaben durch ihre genaue Vorgehensweise aus und erzielte so stets gute Ergebnisse.

Frau Schröder führte sieben Mitarbeiter. Sie motivierte ihre Mitarbeiter durch ihre fach- und personenbezogene Führung durchgängig. Frau Schröder hat die Aufgaben ihrer Position zu unserer vollen Zufriedenheit bewältigt. Ihr Verhalten gegenüber Vorgesetzten, Kollegen und den ihr unterstellten Mitarbeitern war befriedigend.

Frau Schröder verlässt uns auf eigenen Wunsch, um ihren beruflichen Horizont zu erweitern. Für die interessierte Zusammenarbeit danken wir ihr.

Wiesbaden, 30. Juni 2019

Hendrik Merz

In diesem Beispiel hat die Personalleiterin der Pharmazie GmbH, Frau Gisela Schröder, ein schlechtes Abschlusszeugnis erhalten. Eigentlich hat sie ihre Arbeit immer gut gemacht, sie ist aber im Streit mit einem der Geschäftsführer ausgeschieden. Dieser schwelende Konflikt findet sich nun leider an einigen Stellen im Zeugnis wieder.

Schon die Passivformel im Einleitungsabsatz »Frau Gisela Schröder ... war ... beschäftigt« setzt ein falsches Signal. Schließlich handelt es sich hier um eine Expertin in Sachen Personal, und wenn die beurteilte Fachfrau ein Zeugnis mit so einem Schnitzer bekommt, versteht sie ihren Job nicht, oder man möchte indirekt ihre Mitarbeit kritisieren. Beides geht leider zulasten von Frau Schröder.

Gerade Personaler sollten auf ein formal richtiges eigenes Zeugnis achten

Die Tätigkeitsbeschreibungen sind zu knapp und zu allgemein gehalten. So heißt es im ersten Aufzählungspunkt bloß »Führung des gesamten Personalbereiches mit den dazugehörigen Aufgaben«. Worum handelt es sich bei den dazugehörigen Aufgaben? Warum wird dies nicht genauer ausgeführt? Wieder einmal kommt die Vermutung auf, dass Frau Schröder entweder nichts von der Zeugnissprache versteht oder aber schlecht beurteilt wird. Insgesamt ist die Aufgabenbeschreibung zu dürftig ausgestaltet. Frau Schröder hat über sieben Jahre als Personalleiterin gearbeitet - da hätte man sicherlich mehr über ihre beruflichen Fähigkeiten und Erfahrungen sagen können.

Vorsicht, wenn nur fachfremde Kenntnisse gelobt werden

Dass sich in der Zeugnissprache der Teufel oft im Detail versteckt, zeigt sich in den einzelnen Leistungsbeurteilungen. Dieser Block startet noch gelungen mit der »Leistungsmotivation«, die als »konstant gut« bezeichnet wird, also der Note 2 entspricht. Auch die Arbeitsbefähigung ist gut, schließlich wird ihre »bemerkenswerte Auffassungsgabe« betont. Dann aber horcht der professionelle Leser auf: Beim Fachwissen wird auf die »guten Englischkenntnisse« von Frau Schröder verwiesen. Das ist an sich positiv zu sehen, aber warum wird nichts über ihre Fachkenntnisse im eigentlichen Aufgabengebiet, der Personalarbeit, gesagt? Soll das etwa heißen, dass sie zwar gut Englisch konnte, aber in ihrem Job eine Niete war?

Beim Sozialverhalten lässt sich Ärger mit dem Chef herauslesen

Der eigentliche Grund für die Abwertungen im Zeugnis wird im Block Sozialverhalten noch einmal ausdrücklich genannt: Es gab Zoff mit den Vorgesetzten, denn die Formulierung »Ihr Verhalten gegenüber Vorgesetzten, Kollegen und den ihr unterstellten Mitarbeitern war befriedigend« meint keinesfalls die Note befriedigend. Da nämlich der Zusatz stets fehlt, entspricht die Bewertung lediglich der Note ausreichend. Also war man mit ihrem Verhalten überhaupt nicht zufrieden.

Hier hat ein Zeugnisaussteller seinem Frust über die zu beurteilende Mitarbeiterin freien Lauf gelassen. Das geht aber nicht, da einmalige Vorfälle wie ein Streit im Zeugnis nichts zu suchen haben. Frau Schröder sollte einen Gegenentwurf schreiben und schlagkräftige Argumente dafür liefern, dass sie sieben Jahre lang gute Arbeit geleistet hat.

ZEUGNIS

Frau Gisela Schröder, geb. am 07. Dezember 1977 in Heide, war vom 01. Januar 2012 bis zum 30. Juni 2019 bei uns als Personalleiterin tätig.

Ihr Aufgabengebiet beinhaltete folgende Schwerpunkte:
- Führung des Personalbereiches, insbesondere Personalplanung, -rekrutierung, -auswahl, -einstellung, -umsetzung und -entlassung
- Zusammenarbeit mit Konzernbetriebsräten und Gewerkschaften
- Mitarbeit bei Tarifverhandlungen
- Ausarbeitung und Einführung von flexiblen Arbeitszeitmodellen
- personeller Aufbau neuer Unternehmensstandorte
- Verantwortung nationaler und internationaler Mitarbeiterentwicklungskonzepte

Die Leistungsmotivation von Frau Schröder war konstant gut. Sie verfügt über eine bemerkenswerte Auffassungsgabe, die ihr dabei half, sich schnell in neue Aufgaben und Problemstellungen einzuarbeiten. Frau Schröder besitzt sowohl exzellente Kenntnisse in den Bereichen Personalauswahl, Personalentwicklung und Arbeitsrecht als auch hervorragende Englischkenntnisse. Sie aktualisierte beständig und erfolgreich ihr Wissen zu unserem Vorteil. Frau Schröder zeichnete sich bei der Erledigung ihrer Aufgaben durch ihre analytische, systematische und genaue Vorgehensweise aus und erzielte so stets gute Ergebnisse. Hervorzuheben sind ihre überdurchschnittlich hohe Einsatz- und Reisebereitschaft, wodurch sie entscheidend zu dem erfolgreichen personellen Aufbau neuer Unternehmensstandorte im In- und Ausland beitrug.

Frau Schröder führte sieben Mitarbeiter, denen sie stets ein anerkanntes Vorbild war. Sie motivierte ihre Mitarbeiter durch ihre fach- und personenbezogene Führung durchgängig zu guten Leistungen. Frau Schröder hat die Aufgaben ihrer Position stets zu unserer vollen Zufriedenheit bewältigt. Ihr Verhalten gegenüber Vorgesetzten, Kollegen und den ihr unterstellten Mitarbeitern war jederzeit einwandfrei.

Frau Schröder verlässt uns auf eigenen Wunsch, um sich neuen beruflichen Aufgaben zu widmen. Für die erfolgreiche und vertrauensvolle Zusammenarbeit danken wir ihr. Wir bedauern ihr Ausscheiden sehr und wünschen ihr für den weiteren Berufs- und Lebensweg alles Gute und weiterhin viel Erfolg.

Pharmazie GmbH

Wiesbaden, 30. Juni 2019

Hendrik Merz
Geschäftsführer

Schon im Einleitungsabsatz hat sich Frau Schröder mit ihren Korrekturvorschlägen durchgesetzt. Jetzt wird die aktivere Formulierung »war ... bei uns als Personalleiterin tätig verwendet«. Die Aufgabenbeschreibung ist umfangreicher und in den einzelnen Punkten auch gründlicher. Statt nebulöser Angaben wie Führung des gesamten Personalbereiches mit den dazugehörigen Aufgaben« heißt es jetzt »Führung des Personalbereiches, insbesondere Personalplanung, -rekrutierung, -auswahl, -einstellung, -umsetzung und -entlassung«. Auch wichtige Details sind jetzt enthalten: Frau Schröder hat nämlich als Personalleiterin nicht nur mit »Betriebsräten«, sondern auch mit »Konzernbetriebsräten« verhandelt. Das signalisiert Außenstehenden, dass ihr die Geschäftsführung einen großen Gestaltungsspielraum eingeräumt hat. Als neuer Punkt taucht die »Ausarbeitung und Einführung von flexiblen Arbeitszeitmodellen« auf – sicherlich ein wichtiges Projekt, das auch für künftige Arbeitgeber von Interesse sein dürfte.

Die Fachkenntnisse sind dem Job einer Personalleiterin angemessen

In den einzelnen Leistungsbeurteilungen stimmen nun auch die Fachkenntnisse. Nicht nur die »hervorragenden Englischkenntnisse« werden erwähnt, sondern auch die »exzellenten Kenntnisse in den Bereichen Personalauswahl, Personalentwicklung und Arbeitsrecht«. Die Angaben zu den Weiterbildungsanstrengungen von Frau Schröder klingen auch ganz anders. Hier hieß es im Negativbeispiel noch »Sie nahm an zahlreichen Weiterbildungsveranstaltungen teil«. Das klingt problematisch, da nicht deutlich wird, welchen Nutzen die Firma daraus ziehen konnte. Vielmehr könnte man vermuten, dass sie sich vor ihrer täglichen Arbeit drücken wollte und deshalb ständig »Seminartourismus« betrieben hat. Nun heißt es aber unmissverständlich »Sie aktualisierte beständig und erfolgreich ihr Wissen zu unserem Vorteil«.

Erfolge jenseits täglicher Routine sind besonders aufschlussreich

Alles, was über die tägliche Routine hinausgeht, ist für die Leser von Zeugnissen immer von Interesse. Als besonderer Erfolg wird in dem gelungenen Zeugnis auf die »überdurchschnittliche Einsatz- und Reisebereitschaft« von Frau Schröder hingewiesen. Sie hat nämlich neue Unternehmensstandorte im In- und Ausland mit aufgebaut, also das dafür notwendige Personal gesucht und ausgewählt.

Im Block Sozialverhalten gibt es jetzt ebenfalls keine Ungereimtheiten mehr. Die Firma hat eingelenkt und akzeptiert, dass Frau Schröder viele Jahre lang gute Arbeit geleistet hat, und das kann nur gelingen, wenn man auch zu den Chefs und Mitarbeitern einen guten Draht hat. Also heißt es nun folgerichtig: »Ihr Verhalten gegenüber Vorgesetzten, Kollegen und den ihr unterstellten Mitarbeitern war jederzeit einwandfrei«.

Die Firma hat gut daran getan, auf die Sachebene zurückzukehren und den Argumenten von Frau Schröder zu folgen. Die Arbeitsleistungen von Frau Schröder werden in diesem Zeugnis angemessen gewürdigt.

Beispiel 20: Zeugnis Personalreferent

ZEUGNIS

Herr Frank Koch, geboren am 12. September 1983 in Nürnberg, war in der Zeit vom 01. Januar 2016 bis zum 30. November 2019 als Personalreferent in der Abteilung Personal in unserem Unternehmen angestellt.

Zu seinen Aufgaben gehörte:
- die Vorbereitung von Stellenausschreibungen
- die Vorauswahl von Bewerbern
- die Organisation von Interviews
- die Aufstellung des Personalstellenplans
- die Klärung arbeitsrechtlicher Probleme
- die Durchführung von Mitarbeiter-Beurteilungsgesprächen

Herr Koch war pflichtbewusst und verfügte über eine gute Arbeitsbefähigung. Er hat umfassendes Fachwissen, das er ständig in eigener Initiative zu unserem Vorteil aktualisierte. Er zeichnete sich stets durch einen zweckmäßigen Arbeitsstil aus und lieferte eine gute Arbeitsqualität. Hervorzuheben ist sein Überzeugungsvermögen. Seine Leistungen haben jederzeit unsere volle Anerkennung gefunden.

Sein Verhalten gegenüber Vorgesetzten und Kollegen war jederzeit einwandfrei.

Leider mussten wir das Beschäftigungsverhältnis aus betriebsbedingten Gründen zum 30. November 2019 beenden. Wir bedauern dies und danken Herrn Koch für seine Leistungen sehr. Für seinen weiteren Berufs- und Lebensweg wünschen wir ihm alles Gute und weiterhin Erfolg.

Augsburg, 30. November 2019

Urs Horn
Leiter Personal

Herr Koch hat fast vier Jahre als Personalreferent in einem mittelständischen Unternehmen des Maschinenbaus gearbeitet. Leider ist sein Arbeitgeber nun in wirtschaftliche Schwierigkeiten geraten. Die Insolvenz ist nur noch eine Frage der Zeit, und seit einiger Zeit werden bereits betriebsbedingte Kündigungen ausgesprochen. Wegen des demotivierenden Umfeldes hat der Vorgesetzte von Herrn Koch, der Personalleiter Herr Horn, »innerlich« schon gekündigt. Dementsprechend lustlos ist er an die Aufgabe herangegangen, das Zeugnis für den Personalreferenten Herrn Koch zu verfassen.

Keine Belege für selbstständiges Arbeiten

Für das weitere berufliche Vorwärtskommen von Herrn Koch wird ganz wesentlich sein, ob neue Arbeitgeber ihn als zuarbeitenden Personalreferenten einschätzen, der seine Aufgaben nur unter Anleitung erledigen kann, oder aber als umfassend qualifizierten Personalexperten, der das Potenzial hat, künftig auch Führungsaufgaben zu übernehmen. Die Aufgabenbeschreibung im fehlerhaften Zeugnis lässt leider vermuten, dass Herr Koch nicht selbstständig arbeiten kann. Mit Sätzen wie »Vorbereitung von Stellenausschreibungen, Vorauswahl von Bewerbern« und »Organisation von Interviews« wird der Eindruck erweckt, dass Herr Koch in seinem Job nur assistierende Aufgaben übernommen hat.

Pflichtbewusstes und zweckmäßiges Arbeiten heißt im Zeugnis nichts Gutes

In den anschließenden einzelnen Leistungsbeurteilungen ist der Zeugnisaussteller zu stark nach Schema F vorgegangen. Die Sätze wirken viel zu standardisiert, sodass ein besonderes Profil des Beurteilten nicht deutlich wird. Einige Begriffe lassen zwar aufhorchen – leider aber im negativen Sinne. So ist die Rede davon, dass Herr Koch »pflichtbewusst« war und »sich stets durch einen zweckmäßigen Arbeitsstil auszeichnete«. Diese Formulierungen verstärken die negativen Eindrücke aus der Aufgabenbeschreibung: Wenn das hervorzuhebende Merkmal Pflichtbewusstsein ist, steht es mit der Eigeninitiative wohl nicht zum Besten, und ein zweckmäßiger Arbeitsstil lässt zudem vermuten, dass der Arbeitnehmer seine Aufgaben eher schnell als gut erledigt hat.

Widersprüchliche Benotungen

Mit den Formulierungen in den einzelnen Leistungsbeurteilungen ist der Zeugnisverfasser selbst wohl auch nicht so ganz zufrieden gewesen, da er plötzlich das Ruder wieder herumreißt: In der zusammenfassenden Leistungsbeurteilung gibt er Herrn Koch mit dem Satz »Seine Leistungen haben jederzeit unsere volle Anerkennung gefunden« unerwartet die Note 2. Das steht aber im Widerspruch zu den durchgängig in der Notenstufe 3 ausgedrückten vorherigen einzelnen Beurteilungen.

Es kommt immer wieder vor, dass Vorgesetzte unzureichende Arbeitszeugnisse formulieren, weil sie selbst mit beruflichen Schwierigkeiten zu kämpfen haben. Eine Problemverschiebung, die leider auf Kosten des Beurteilten stattfindet – schade! Herr Koch sollte das Zeugnis unbedingt überarbeiten.

ZEUGNIS

Herr Frank Koch, geboren am 12. September 1983 in Nürnberg, war in der Zeit vom 01. Januar 2016 bis zum 30. November 2019 als Personalreferent in der Abteilung Personal in unserem Unternehmen tätig.

Zu seinen Aufgaben gehörte:
- die Vorbereitung von Stellenausschreibungen in Abstimmung mit den Fachabteilungen
- die Schaltung von Stellenausschreibungen in Zusammenarbeit mit Agenturen
- die Vorauswahl von Bewerbern
- die Durchführung und Auswertung von Interviews
- die Aufstellung des Personalstellenplans und des Personalbudgets
- die Klärung arbeitsrechtlicher Probleme
- die Durchführung von Mitarbeiter-Beurteilungsgesprächen

Herr Koch war stets hoch motiviert und arbeitete sich aufgrund seiner guten Auffassungsgabe schnell und erfolgreich in neue Problemstellungen ein. Er hat ein umfassendes und ausgezeichnetes Fachwissen, das er ständig in eigener Initiative zu unserem Vorteil aktualisierte. Er zeichnete sich stets durch einen sehr effizienten und systematischen Arbeitsstil aus und lieferte stets eine überdurchschnittliche Arbeitsqualität. Hervorzuheben sind sein ausgeprägtes Kommunikationsgeschick und sein Überzeugungsvermögen auch in schwierigen Verhandlungen und Gesprächen. Seine Leistungen haben jederzeit unsere volle Anerkennung gefunden.

Sein Verhalten gegenüber Vorgesetzten und Kollegen war jederzeit einwandfrei.

Leider mussten wir das Beschäftigungsverhältnis aus betriebsbedingten Gründen zum 30. November 2019 beenden. Wir bedauern dies und danken Herrn Koch für seine stets überzeugenden Leistungen sehr. Für seinen weiteren Berufs- und Lebensweg wünschen wir ihm alles Gute und weiterhin Erfolg.

Augsburg, 30. November 2019

Urs Horn
Leiter Personal

Glücklicherweise hat Herr Koch den misslungenen Zeugnisentwurf seines Vorgesetzten überarbeitet und verbessert. Schon in der Einleitung hat er die passive Formulierung »war ... angestellt« durch die aktivere »war ... tätig« ersetzt. Weiter geht es mit der ausführlichen Aufgabenbeschreibung. Diesmal werden die einzelnen

Arbeitsaufgaben so dargestellt, dass schnell deutlich wird, dass Herr Koch sie vom Anfang bis zum (erfolgreichen) Ende bewältigt hat. Statt »Vorbereitung von Stellenausschreibungen« heißt es nun »Vorbereitung von Stellenausschreibungen in Abstimmung mit den Fachabteilungen«, und es heißt auch nicht mehr »Organisation von Interviews«, sondern besser »Durchführung und Auswertung von Interviews«. Bereits die gute Aufgabenbeschreibung macht zukünftigen Lesern klar, dass Herr Koch sein Arbeitsfeld im Griff hatte.

Die Wahl der Adjektive macht den Unterschied

In den einzelnen Leistungsbeurteilungen sind die beschreibenden Adjektive jetzt optimal auf die Stelle eines Personalreferenten abgestimmt. Beim Arbeitswillen heißt es nicht mehr »pflichtbewusst«, sondern »stets hoch motiviert«, und in der Arbeitsbefähigung ist die Rede davon, dass er sich »aufgrund seiner guten Auffassungsgabe schnell und erfolgreich in neue Problemstellungen einarbeitete«. Auch der ursprünglich »zweckmäßige Arbeitsstil« wird nun in einen »sehr effizienten und systematischen Arbeitsstil« umgewandelt. Der geschilderte besondere Erfolg am Ende dieses Blocks ist nun ebenfalls ausführlicher und somit glaubwürdiger: Der Satz »Hervorzuheben sind sein ausgeprägtes Kommunikationsgeschick und sein Überzeugungsvermögen auch in schwierigen Verhandlungen und Gesprächen« wirkt sehr passend für die Qualifikation eines guten Personalreferenten und wird ohne Zweifel ein überzeugender Pluspunkt bei folgenden Bewerbungen von Herrn Koch sein.

Widersprüche zwischen den einzelnen Leistungsbeurteilungen und der zusammenfassenden Beurteilung – wie in der fehlerhaften Version des Zeugnisses – gibt es nicht mehr. Sowohl der ausführliche Block der einzelnen Leistungsbeurteilungen als auch die knappe zusammenfassende Beurteilung entsprechen voll und ganz der Note 2.

Stimmige, konsequent gute Beurteilungen

Diese Bewertung setzt sich in der Beurteilung des Sozialverhaltens fort: Wie schon in der ersten Version wird sein Verhalten gegenüber Vorgesetzten und Kollegen als »jederzeit einwandfrei« beschrieben. Auch die Dankes-Bedauerns-Formel und die Zukunftswünsche im Schlussabsatz bedeuten die Note gut.

Es ist zwar schade, dass der alte Arbeitgeber in wirtschaftliche Schwierigkeiten geraten ist, das darf sich aber nicht nachteilig für Herrn Koch auswirken. Das ist nun auch nicht mehr der Fall – im Gegenteil, mit diesem Arbeitszeugnis hat Herr Koch einen echten Karrierebaustein in den Händen.

Beispiel 21: Zeugnis Speditionskaufmann

Zeugnis

Herr Mirko Niebuhr, geboren am 26. August 1977 in Wismar, war in der Zeit vom 01. Oktober 2015 bis zum 30. Juni 2019 als Speditionskaufmann in der Abteilung Logistik in unserem Unternehmen tätig.

Sein Aufgabenbereich umfasste im Wesentlichen:
- Kundenberatung und –betreuung: Angebots- und Vertragserstellung, Erstellung von Speditionsaufträgen und Frachtpapieren
- Planung und Koordination der Termine und Frachten
- Festlegung von Fahrstrecken und Transportmitteln
- Reklamationsbearbeitung und Regulation von Schadensfällen
- Korrespondenz mit Kunden und Frachtführern (Verwaltungs- und Schreibarbeiten)
- Abwicklung von Zollangelegenheiten

Herr Niebuhr war ein sehr motivierter und stets hoch belastbarer Mitarbeiter. Er hat sein Fachwissen sowohl im EDV-Bereich als auch in den Bereichen der Lagerhaltung, Disposition und Logistik durch regelmäßige Weiterbildungen erweitert und zu unseren Gunsten eingesetzt. Herr Niebuhr arbeitete sehr systematisch und zuverlässig. Die Arbeitsqualität von Herrn Niebuhr war auch unter hohem Zeitdruck konstant gut. Die ihm übertragenen Aufgaben erledigte er stets zügig und zu unserer vollen Zufriedenheit.

Sein Verhalten gegenüber Vorgesetzten, Kollegen und Kunden war jederzeit einwandfrei. Herr Niebuhr ist teamorientierter Mitarbeiter, der auch mit schwierigen Kunden stets gut zurechtgekommen ist.

Herr Niebuhr scheidet auf eigenen Wunsch zum 30. Juni 2019 aus unserem Unternehmen aus. Wir bedauern seine Entscheidung sehr, danken ihm für seine stets überzeugende Mitarbeit und wünschen ihm beruflich und private alles Gute und weiterhin Erfolg.

Transport GmbH

Erfurt, 30. Juni 2019

Hans Lauer	*Anette Stock*
Geschäftsführer	Personalleiterin

Im Arbeitsfeld Logistik kommt es immer auf Termine, Kosten und Qualität an. Diese wichtigen Aspekte tauchen auch im Zeugnis des Speditionskaufmannes Mirko Niebuhr auf. Er erledigte seine Aufgaben insgesamt »stets zügig und zu unserer vollen Zufriedenheit«, was der Gesamtnote »gut« entspricht.

Im Bewertungsblock Fachwissen werden die Hauptaspekte seines Fachwissens positiv erwähnt. Zum einen seine aktuellen EDV-Kenntnisse und zum anderen seine umfangreichen Fachkenntnisse in den Bereichen Logistik, Lagerhaltung und Disposition.

Abgerundet wird die überzeugende Bewertung im Schlusszeugnis mit dem Hinweis, dass er »auch mit schwierigen Kunden stets gut zurechtgekommen ist«. Schließlich liegen die Nerven bei den Kunden auch einmal blank, wenn zugesagte Termine nicht eingehalten wurden. Aber auch in diesen Ausnahmefällen fand Herr Niebuhr immer praktikable Lösungen. Daher empfiehlt er sich mit diesem Zeugnis eindeutig als künftiger Mitarbeiter in logistischen Arbeitsbereichen.

Beispiel 22: Zeugnis Sekretärin

ZEUGNIS

Frau Gisela Murmann, geboren am 21.07.1987 in Dortmund, war knapp drei Monate in unserem Unternehmen als Sekretärin beschäftigt.

Unser Unternehmen, die Sekretariatshilfe GmbH, stellt anderen Unternehmen die Arbeitsleistung unserer Mitarbeiterinnen und Mitarbeiter zur Verfügung. Dies erfordert eine hohe Flexibilität und Mobilität sowie eine hohe Anpassungsfähigkeit.

Wir haben Frau Murmann als eine gewissenhafte Mitarbeiterin kennen gelernt. Bei der Bewältigung ihrer Aufgaben kamen ihr ihre guten EDV-Kenntnisse zugute. Ihr Verhalten gegenüber Vorgesetzten, Kollegen und Kunden war einwandfrei.

Frau Murmann scheidet auf eigenen Wunsch aus unserem Unternehmen aus. Wir wünschen ihr für die Zukunft alles Gute und weiterhin viel Erfolg.

Bochum, 30.06.2019

Sekretariatshilfe GmbH

Ulf Seiber
Personaldisponent

Frau Gisela Murmann hat nur kurze Zeit bei dem Zeitarbeitsunternehmen Sekretariatshilfe GmbH verbracht. Ihr vorheriger Arbeitgeber musste Personal abbauen, und um nicht arbeitslos zu werden, ist Frau Murmann bei der Zeitarbeitsfirma eingestiegen. Parallel dazu hat sie sich aber weiter beworben. Der Wechsel zu einer neuen, festen Stelle hat nun geklappt, die kurze Beschäftigungsdauer hat die Zeitarbeitsfirma jedoch verstimmt. Spuren dieses Ärgers finden sich im Zeugnis von Frau Murmann wieder.

Liegt hier eine fristlose Kündigung vor?

Im Einleitungssatz ist die Rede davon, dass Frau Murmann »knapp drei Monate in unserem Unternehmen beschäftigt« war. Diese Angabe öffnet natürlich Spekulationen Tür und Tor. Allein schon das Wort »knapp« könnte als Hinweis darauf gedeutet werden, dass hier eine fristlose Kündigung vor dem Monatsende ausgesprochen wurde. Da zusätzlich auch noch der passive Ausdruck »war ... beschäftigt« benutzt wird, beginnen beim professionellen Leser die ersten Alarmglocken zu schrillen.

Eigenwerbung der Firma statt Aufgabenbeschreibung der Mitarbeiterin

Manche Firmen nutzen das Arbeitszeugnis, um die eigenen Dienstleistungen oder Produkte in einem Absatz zwischen Einleitung und Aufgabenbeschreibung darzustellen. Das ist durchaus erlaubt, und gerade bei kleineren, unbekannten Unternehmen oder bei Firmen, unter deren Namen sich der Leser nicht sofort etwas vorstellen kann, ist eine kurze Firmenbeschreibung im Zeugnis sogar vorteilhaft. Wenn das allerdings zulasten der Aufgabenbeschreibung geht, so wie in diesem Fall, ist das nicht in Ordnung. Die Einsatzmöglichkeiten und Qualifikationen von Sekretärinnen sind sehr unterschiedlich, und deshalb hätten die einzelnen Aufgaben von Frau Murmann auch beschrieben werden müssen. Die vorhandene Lücke bringt den Leser weiter ins Grübeln. Was kann Frau Murmann? Oder kann sie eigentlich nichts richtig?

Auch Fachkenntnisse sind Fehlanzeige

Die einzelnen Leistungsbeurteilungen sind viel zu knapp gehalten und sehr lieblos heruntergeschrieben. Auffällig ist, dass nach der Beschreibung des Fachwissens - hier werden lediglich ihre »guten EDV-Kenntnisse« genannt - nichts zu eventuellen Arbeitserfolgen gesagt wird. Gab es womöglich keine? Auch eine zusammenfassende Leistungsbeurteilung fehlt. War man also unzufrieden? Der Schlussabsatz enthält keinen Dank und kein Bedauern über das Ausscheiden. Frau Murmann hat zwar keinen Rechtsanspruch auf die Dankes-Bedauerns-Formel, ein zufriedener Arbeitgeber hätte sie aber dennoch ins Zeugnis aufgenommen.

Es kommt im Arbeitsleben immer wieder vor, dass Beschäftigte nur sehr kurze Zeit in einem Unternehmen tätig sind. Gerade in solchen Fällen sollte man aber genau hinsehen, ob sich die (verlassene) Firma nicht heimlich durch die Hintertür rächt.

ZEUGNIS

Frau Gisela Murmann, geboren am 21.07.1987 in Dortmund, war vom 06.03.2019 bis zum 30.06.2019 als Sekretärin in unserem Unternehmen tätig.

Unser Unternehmen, die Sekretariatshilfe GmbH, stellt anderen Unternehmen die Arbeitsleistung unserer Mitarbeiterinnen und Mitarbeiter zur Verfügung. Dies erfordert eine hohe Flexibilität und Mobilität sowie eine große Anpassungsfähigkeit.

Die Aufgaben von Frau Murmann umfassten allgemeine Sekretariatsaufgaben, organisatorische Aufgaben, den Empfang und die Korrespondenz mit englischsprachigen Geschäftspartnern.

Wir haben Frau Murmann als eine engagierte und gewissenhafte Mitarbeiterin kennen gelernt, die sich in neue Aufgaben schnell eingearbeitet hat. Bei der Bewältigung ihrer Aufgaben kamen ihr ihre guten englischen Sprachkenntnisse und PC-Kenntnisse zugute. Frau Murmann arbeitete sehr zuverlässig, zügig und konstant gut. Mit den Leistungen von Frau Murmann waren unsere Auftraggeber und wir stets voll zufrieden. Ihr Verhalten gegenüber Vorgesetzten, Kollegen und Kunden war stets gut.

Frau Murmann scheidet auf eigenen Wunsch aus unserem Unternehmen aus. Wir danken ihr für ihre gute Mitarbeit, bedauern ihren Weggang und wünschen ihr für den weiteren Berufs- und Lebensweg alles Gute und weiterhin viel Erfolg.

Bochum, 30.06.2019

Sekretariatshilfe GmbH

Ulf Seiber
Personaldisponent

In der verbesserten Version fällt gleich die korrekte Einleitung positiv auf. Statt der vagen Zeitangabe »knapp drei Monate« werden nun das genaue Eintritts- und Austrittsdatum aufgeführt. Dem Leser wird deutlich, wie sehr die vorherige Angabe »knapp drei Monate« zuungunsten von Frau Murmann ausfiel. Sie hat nämlich am »06.03.2014« bei der Sekretariatshilfe GmbH angefangen, also offensichtlich recht kurzfristig, um die Zeitarbeitsfirma schnellstmöglich bei der Aufgabenbewältigung zu unterstützen.

Gelungene Aufgabenbeschreibung mit Assistenztätigkeiten

Frau Murmann hat überzeugend begründen können, warum eine genaue Aufgabenbeschreibung ins Zeugnis gehört. Sie hat den Entwurf dafür sogar selbst verfasst. Es gab keinen großen Widerstand bei der Zeitarbeitsfirma gegen diese Änderungen, denn auch dort weiß man natürlich, dass die Aufgabenbeschreibung ein wesentlicher Bestandteil des Arbeitszeugnisses ist. Es werden nun nicht nur »allgemeine Sekretariatsaufgaben« erwähnt, sondern auch »organisatorische Aufgaben«, der »Empfang« und - ganz wichtig - »die Korrespondenz mit englischsprachigen Geschäftspartnern«. So wird deutlich, dass Frau Murmann sowohl als Schreibkraft als auch als Assistentin gewirkt hat. Ihre in der Praxis einsetzbaren englischen Sprachkenntnisse sind natürlich ein besonderes Merkmal, das nicht einfach unter den Tisch fallen darf.

Insgesamt sind die einzelnen Leistungsbeurteilungen in der optimierten Version viel ausführlicher. Die Beschreibungen passen sehr gut zu dem Arbeitsfeld einer Sekretärin. Die Stichwörter »engagiert«, »gewissenhaft«, »zuverlässig« und »zügig« fallen sofort positiv auf, und darüber hinaus werden diesmal auch die Arbeitserfolge aufgeführt: »Frau Murmann arbeitete ... konstant gut«. Ein weiteres Mal werden die »guten englischen Sprachkenntnisse« erwähnt. Die zusammenfassende Leistungsbeurteilung entspricht demzufolge der Note 2: »Mit den Leistungen von Frau Murmann waren unsere Auftraggeber und wir stets voll zufrieden«.

Überzeugende Dankes-Bedauerns-Formel

Abgerundet wird das Ganze mit einem gut formulierten Schlussabsatz, der diesmal auch Dank für die Arbeit und Bedauern über den Weggang von Frau Murmann enthält. Auch die Zukunftswünsche fehlen nicht, denn Herr Seiber wünscht ihr »für den weiteren Berufs- und Lebensweg alles Gute und weiterhin viel Erfolg«.

Ein überzeugendes Arbeitszeugnis. Frau Murmann hat sich mit ihren Verbesserungsvorschlägen durchgesetzt. Dabei hat ihr als Argument sicherlich der dezente Hinweis auf die hohe Zufriedenheit der Kunden der Zeitarbeitsfirma geholfen. Dieses Zeugnis wird ihr bei späteren Bewerbungen ohne Zweifel von Nutzen sein.

Beispiel 23: Zeugnis KFZ-Mechatroniker

Zeugnis

Herr Kevin Matthiesen, geboren am 11. Dezember 1987 in Würzburg, war vom 01. Januar 2015 bis zum 31. Dezember 2019 für unser Unternehmen als KFZ-Mechatroniker tätig. Zunächst im Wartungsservice und ab dem 1. Januar 2017 in der Fahrwerks- und Getriebeinstandsetzung.

Seine Aufgaben umfassten im Einzelnen:

- Selbstständige Diagnose und Instandsetzung von Fahrwerken und Getrieben
- Demontage, Montage und Instandsetzung von Systemen, Baugruppen und Bauteilen
- Durchführung von Prüfungen und Untersuchungen gemäß amtlichen Vorgaben
- Ansprechpartner für Fragen zur Instandsetzung, Diagnostik und Wartung im Betrieb
- Souveräner Umgang mit moderner, computergestützter KFZ-Diagnosetechnik
- Einbau von technischen Zusatzausstattungen wie Standheizungen, Sitzheizungen, Multimediaeinheiten, Anhängerkupplungen
- Aktualisierung der Systeme und Prüfgeräte

Wir schätzten Herrn Matthiesen als stets motivierten und engagierten Mitarbeiter. Dank seiner guten Auffassungsgabe und seines hohen Einsatzwillens erfasste er die betrieblichen Zusammenhänge und Erfordernisse in sehr kurzer Zeit und eignete sich die notwendigen Spezialkenntnisse schnell an. Mit gutem Erfolg nahm er auch mehrmals an außerbetrieblichen Fortbildungen der KFZ-Trainingsakademie teil. So konnte er sich immer nutzbringend bei der Erledigung der Kundenaufträge und Aufgaben einbringen.

Herr Matthiesen war ausdauernd und belastbar und arbeitete stets selbstständig, zuverlässig und verantwortungsbewusst. Die ihm übertragenen Tätigkeiten hat er stets zu unserer vollen Zufriedenheit erledigt.

Sein Verhalten gegenüber Vorgesetzten, Kollegen und Kunden war stets gut. Herr Matthiesen hat Kollegen und Auszubildende in vorbildlicher Weise mit neuen Prüfgeräten vertraut gemacht und neue Arbeitsinhalte systematisch vermittelt.

Leider mussten wir das Arbeitsverhältnis mit Herrn Matthiesen zum 31. Dezember 2019 betriebsbedingt kündigen, was wir sehr bedauern. Wir danken Herrn Matthiesen für die hervorragende langjährige Zusammenarbeit und wünschen ihm für den weiteren Berufs- und Lebensweg alles Gute und weiterhin viel Erfolg.

Würzburg, 31. Dezember 2019
KFZ GmbH

Karl Horn
Geschäftsführer

In einer Arbeitswelt voller Spezialisten ist es auch für KFZ-Mechatroniker wichtig, aussagekräftige Arbeitszeugnisse vorweisen zu können. Herr Kevin Matthiesen hat ein »gutes« Zeugnis erhalten, was durch die Formulierung »stets zu unserer vollen Zufriedenheit« deutlich wird. Seine speziellen Arbeitsinhalte, die für künftige Arbeitgeber besonders wichtig sind, werden im Zeugnis ausführlich beschrieben.

Zeugnisse verlieren immer dann ihren eher formelhaften Charakter, wenn positive Besonderheiten beschrieben werden. Bei Herrn Matthiesen wird ausdrücklich darauf hingewiesen, dass er Kollegen und Auszubildende mit neuen Prüfgeräten vertraut gemacht und ihnen neue Arbeitsinhalte vermittelt hat. Die Kernaussage dieses Zeugnisses für künftige Arbeitgeber lautet daher: Herr Matthiesen ist ein absolut teamorientierter und kompetenter KFZ-Mechatroniker!

Beispiel 24: Zeugnis Logistikmitarbeiter

Zeugnis

Herr Thomas Schmidt, geb. am 12.12.1963 in Göttingen, trat am 01. Februar 2016 als Logistikmitarbeiter in unser Unternehmen ein. Er war zunächst im Wareneingang und ab dem 01. Juli 2017 auch zusätzlich im Warenausgang für uns tätig.

Im Rahmen seiner Tätigkeit hat Herr Schmidt folgende Aufgaben ausgeführt:
- Überwachung und Erfassung von Wareneingang und Warenausgang
- Koordination der Logistik vom Wareneingang bis zum Warenausgang
- Sortierung und sachgerechte Einlagerung von Waren und Verbrauchsmaterialien
- Zusammenstellen und Kommissionieren des Lagermaterials
- Bereitstellung des Materials für die Produktion
- Bestandskontrolle und Absprache mit internen Abteilungen
- kaufmännische Steuerung und Endkontrolle

Herr Schmidt verfügte stets über eine gute Leistungsbereitschaft und hat sich aufgrund seiner schnellen Auffassungsgabe in kürzester Zeit sicher in neue Aufgaben eingearbeitet. Er verfügt über solides Fachwissen und hat die vom Unternehmen gebotenen Möglichkeiten der beruflichen Weiterbildung mit gutem Erfolg und zu unserem Vorteil genutzt. Herr Schmidt arbeitete immer sehr selbstständig, kostenbewusst und effizient. Seine Arbeitsergebnisse waren stets von guter Qualität. Die ihm übertragenen Aufgaben erledigte er stets zu unserer vollen Zufriedenheit.

Wegen seiner freundlichen und kooperativen Art war er bei Vorgesetzten, Kollegen und Lieferanten gleichermaßen geschätzt und beliebt.

Herr Schmidt verlässt unser Unternehmen mit dem heutigen Tag auf eigenen Wunsch. Wir bedauern dies und danken ihm ausdrücklich für seine überaus engagierte und zuverlässige langjährige Mitarbeit. Für seinen weiteren Berufs- und Lebensweg wünschen wir ihm alles Gute und weiterhin Erfolg.

Kassel, 31. Dezember 2019

Logistik & Service GmbH

Hans Hansen	*Christa Müller*
Abteilungsleiter Logistik	Personalservice

Herr Thomas Schmidt wird bereits im Einleitungsabsatz positiv beurteilt. Aus dem Satz »Er war zunächst im Wareneingang und ab dem 01. Juli 2012 auch zusätzlich im Warenausgang für uns tätig.« folgern Personalverantwortliche indirekt »Er hat seine Aufgaben so gut und schnell erledigt, dass ihm zusätzliche Aufgaben und Verantwortungsbereiche übertragen werden konnten.«

Diese erste positive Einschätzung wird im weiteren Verlauf des Zeugnistextes bestätigt. Sowohl die Aufgabenbeschreibung als auch die dazugehörigen guten Bewertungen unterstützen den guten ersten Eindruck. Das Zeugnis stellt klar: Die Firma bedauert den Weggang eines engagierten und zuverlässigen Mitarbeiters.

Beispiel 25: Zeugnis Wachmann

ZEUGNIS

Herr Hartmut Feld, geboren am 03.05.1966 in Strang, wohnhaft Weberkamp 2 in 31234 Edemissen, war vom 12.06.2012 bis zum 30.09.2019 in unserem Unternehmen beschäftigt.

Herr Feld war bei verschiedenen Objekten eingesetztt. Zu seinen Aufgaben zählte die Durchführung von Kontroll- und Streifengängen und die Bedienung der Telefonzentrale sowie alle Tätigkeiten, die Werkschutzdienste erfordern.

Herr Feld war stets sehr motiviert und belastbar. Er war ein sehr gewissenhafter und verantwortungsbewusster Mitarbeiter.

Alle ihm übertragenen Aufgaben erledigte Herr Feld zu unserer vollen Zufriedenheit. Sein Verhalten gegenüber Vorgesetzten, Kollegen und Kunden war stets einwandfrei.

Wir danken Herrn Feld für die immer gute Zusammmenarbeit und bedauern außerordentlich, ihn zu verlieren.

Sicherheitsdienst GmbH

Horst Hallhuber

Der beurteilte Wachmann, Herr Feld, hat nach sieben Jahren Arbeit für die Sicherheitsdienst GmbH ein Angebot von einem anderen Werkschutzunternehmen bekommen und deswegen die Firma verlassen. Der Geschäftsführer seines bisherigen Arbeitgebers ist selbst ein ehemaliger Wachmann. Daher ist er mit Personalangelegenheiten doch etwas überfordert. Dementsprechend missverständlich und fehlerhaft ist das Zeugnis von Herrn Feld.

Fehler in Form und Rechtschreibung

An diesem Zeugnis springen sofort die formalen Schnitzer ins Auge. So wird »eingesetztt« mit zwei »t« geschrieben und »Zusammmenarbeit« mit drei »m«. Am Ende des Zeugnisses wird nicht näher begründet, wer der unterzeichnende »Horst Hallhuber« eigentlich ist beziehungsweise welche Position er im Unternehmen einnimmt. Ist er vielleicht bloß ein Kollege von Herrn Feld und nicht sein Vorgesetzter?

Insgesamt ist die Aufgabenbeschreibung viel zu knapp. Auch wenn vermeintlich »einfache« Tätigkeiten für die Beschreibung in Arbeitszeugnissen oft nicht viel herzugeben scheinen, lässt sich mit etwas Mühe doch etwas mehr herausholen. Hier wird nur knapp auf »Kontroll- und Streifengänge« und die »Bedienung der Telefonzentrale« hingewiesen. Herr Feld hat aber ganz offensichtlich noch mehr gemacht, schließlich ist die Rede von »alle(n) Tätigkeiten, die Werkschutzdienste erfordern«. Diese Allgemeinfloskel ist ein sicheres Indiz dafür, dass Herr Feld wesentlich mehr als die genannten Aufgaben geleistet hat, nur leider bleibt im Dunkeln, um was es sich dabei genau gehandelt hat.

Viel zu allgemeine Aufgabenbeschreibung

Die einzelnen Leistungsbeurteilungen werden so kurz abgehandelt, dass man sie kaum als solche wahrnimmt. Immerhin erhält er sehr gute Noten, denn Herr Feld wird als »sehr motiviert und belastbar« und als ein »sehr gewissenhafter und verantwortungsbewusster Mitarbeiter« beschrieben. Dennoch bekommt er in der zusammenfassenden Leistungsbeurteilung mit dem Satz »Alle ihm übertragenen Aufgaben erledigte Herr Feld zu unserer vollen Zufriedenheit« nur die Note 3. Dies ist ein nicht hinnehmbarer Widerspruch, da er in den einzelnen Leistungsbeurteilungen noch die Note 1 bekommen hat.

Krasser Widerspruch bei den Leistungsbeurteilungen

Ein typisches Laien-Zeugnis, das Herr Feld so aber nicht akzeptieren darf. Auch wenn Herr Feld als Wachmann und nicht als Manager gearbeitet hat, hat er doch einen Anspruch darauf, dass sein Zeugnis die von ihm ausgeübten Tätigkeiten umfassend und angemessen beschreibt.

ZEUGNIS

Herr Hartmut Feld, geboren am 03.05.1966 in Strang, wohnhaft Weberkamp 2 in 31234 Edemissen, war vom 12.06.2012 bis zum 30.09.2019 als Sicherheitsmitarbeiter in unserem Unternehmen tätig.

Herr Feld war bei verschiedenen Objekten im Sicherheitsdienst im Schichtdienst eingesetzt. Zu seinen Aufgaben zählte die Durchführung von Kontroll- und Streifengängen mit Diensthund, die Überwachung von technischen Einrichtungen, der Empfangs- und Pförtnerdienst, die Bedienung der Telefonzentrale, die Ausarbeitung von Dienstplänen, die Einarbeitung neuer Kollegen sowie alle Tätigkeiten, die Werkschutzdienste erfordern.

Herr Feld war stets sehr motiviert und belastbar. Er war ein sehr gewissenhafter und verantwortungsbewusster Mitarbeiter. Besonders hervorheben möchten wir die Bereitschaft von Herrn Feld, auch kurzfristig erkrankte Kollegen zu vertreten und Sonderdienste zu übernehmen, die sonst nicht hätten besetzt werden können.

Alle ihm übertragenen Aufgaben erledigte Herr Feld stets zu unserer vollen Zufriedenheit. Sein Verhalten gegenüber Vorgesetzten, Kollegen und Kunden war jederzeit gut.

Wir danken Herrn Feld für die immer gute Zusammenarbeit und bedauern außerordentlich, ihn zu verlieren.

Laatzen, 30.09.2019

Sicherheitsdienst GmbH

Horst Hallhuber
Geschäftsführer

Korrekte Formalien

In der überarbeiteten Version des Arbeitszeugnisses stimmen die Formalien. Diesmal gibt es keine Rechtschreibfehler, und unter dem Namen des Zeugnisausstellers ist der Zusatz »Geschäftsführer« vermerkt. Im Gegensatz zur missglückten Version enthält das Zeugnis nun auch Ort und Ausstellungsdatum, nämlich »Laatzen, 30.09.2014«. Es wäre zwar schöner gewesen, wenn der Kündigungsgrund »Herr Feld verlässt uns auf eigenen Wunsch« im Schlussabsatz genannt worden wäre, da der Austrittstermin und das Ausstellungsdatum aber übereinstimmen und da Herr Feld sieben Jahre lang in der Firma (gut) gearbeitet hat, dürften keine Spekulationen über eine Kündigung durch den Arbeitgeber aufkommen.

Wichtige Zusatzqualifikationen werden erwähnt

Die überzeugende Aufgabenbeschreibung macht deutlich, für welche unterschiedlichen Aufgabenbereiche Herr Feld verantwortlich war und mit welchem Einsatz er seine Arbeit bewältigt hat. Schon der Zusatz »im Schichtdienst« - der in der vorherigen Version fehlte - signalisiert, dass es sich hier um einen engagierten Mitarbeiter handelt. Wichtig ist auch der Hinweis »mit Diensthund«, da so mancher Sicherheitsdienst Wert darauf legen wird, dass Bewerber auch im Umgang mit Hunden Erfahrung haben. Herr Feld hat aber noch mehr geleistet: Er war auch für den »Empfangs- und Pförtnerdienst, die Ausarbeitung von Dienstplänen und die Einarbeitung neuer Kollegen« zuständig. Alle diese Tätigkeiten tauchten vorher nicht auf. Anhand dieser Aufgabenbeschreibungen wird aber sogleich deutlich, dass Herr Feld Organisationstalent hat (»Dienstpläne«) und auch über pädagogisches Geschick (»Einarbeitung neuer Kollegen«) verfügt.

Bereitschaft zu Sonderdiensten und Vertretungen

In den einzelnen Leistungsbeurteilungen wird nun als besondere Leistung die Einsatzfreude von Herrn Feld genannt. Mit dem Satz »Besonders hervorheben möchten wir die Bereitschaft von Herrn Feld, auch kurzfristig erkrankte Kollegen zu vertreten und Sonderdienste zu übernehmen« macht er sich zum Wunschkandidaten von neuen Arbeitgebern. Wer möchte nicht Mitarbeiter einstellen, auf die man sich auch in dringenden Notfällen jederzeit verlassen kann? Zusätzlich fallen auch die richtigen Stichworte zu seinem Arbeitswillen und seiner Arbeitsweise, nämlich dass er »stets sehr motiviert und belastbar« war und außerdem ein »sehr gewissenhafter und verantwortungsbewusster Mitarbeiter«.

Ein durchgängig gutes Arbeitszeugnis, mit dem Herr Feld auf der sicheren Seite ist. Sollte er sich wieder einmal bewerben, wird dieses Zeugnis in seiner Bewerbungsmappe mit Sicherheit dazu führen, dass man positiv auf ihn aufmerksam wird.

Beispiel 26: Zeugnis Assistentin der Geschäftsleitung

Zeugnis

Frau Anke Schmidt, geboren am 09. Mai 1977, war vom 01. Juni 2014 bis zum 30. Juni 2019 als Assistentin der Geschäftsleitung für unser Unternehmen tätig. Dabei übernahm sie sowohl Sekretariatsaufgaben als auch kaufmännische Assistenzaufgaben.

Zu ihrem umfassenden Aufgabengebiet gehörten im Wesentlichen:
- Unterstützung der Geschäftsführung durch Erfassung und Aufbereitung geschäftsrelevanter Informationen
- Aufbau und Weiterentwicklung eines Informationssystems auf Managementebene
- Terminplanung, -koordination und -überwachung
- Planung, Vor- und Nachbereitungen von Meetings
- Korrespondenz in Deutsch und Englisch
- Organisation, Buchung und Abrechnung internationaler Dienstreisen
- Erstellen und Aktualisierung von Statistiken
- Mitwirkung bei der Vorbereitung und Durchführung von nationalen und internationalen Veranstaltungen
- Betreuung internationaler Gäste

Frau Schmidt überzeugte mit einer stets hohen Einsatzbereitschaft. Sie verfügt über umfassende Fachkenntnisse, die sie immer auf dem neuesten Stand hielt. Weiterhin zeichnete sich Frau Schmidt durch ihre zuverlässige und systematische Arbeitsweise aus. Die Anforderungen der anspruchsvollen Position bewältigte sie auch bei hohem Arbeitsanfall immer gut. Hervorzuheben ist ihr hoher persönlicher Einsatz, weit über die üblichen Arbeitszeiten hinaus.

Die ihr übertragenden Aufgaben erledigte Frau Schmidt stets zu unserer vollen Zufriedenheit.

Ihr Verhalten gegenüber Vorgesetzten und Kollegen war stets einwandfrei. Auch für unsere nationalen und internationalen Geschäftspartner war Frau Schmidt eine fachlich kompetente und persönlich überzeugende Ansprechpartnerin.

Frau Schmidt verlässt uns auf eigenen Wunsch, was wir sehr bedauern, da wir mit ihr eine wertvolle Mitarbeiterin verlieren. Wir bedanken uns für die stets gute Zusammenarbeit und wünschen ihr für ihre berufliche und private Zukunft alles Gute und weiter Erfolg.

Passau, 30. Juni 2019

International GmbH

Ingo Müller — Geschäftsführer

Lea Meyer — Personalleiterin

In der Praxis der Personalarbeit kommt es häufiger vor, dass Zeugnisse von hinten nach vorne gelesen werden. Grundsätzlich gilt, dass im letzten Zeugnisabsatz Kündigungsgrund, Dank und Bedauerns-Formel und Zukunftswünsche enthalten sein sollten. Diese Vorgaben werden im Zeugnis von Frau Anke Schmidt vorbildlich umgesetzt. Sie hat von sich aus gekündigt, was die Firma bedauert. Dass dieses Bedauern ernst gemeint ist, wird an der Wiederholung der »guten« Gesamtnote im Schlussabsatz deutlich, schließlich heißt es dort »Wir bedanken uns für die stets gute Zusammenarbeit«.

Besonders betont wird weiter, dass Frau Schmidt internationale Geschäftspartner betreut hat. Dieser Hinweis hätte im Block Fachwissen gerne noch mit einem Verweise auf »praktikable und jederzeit einsetzbare Englischkenntnisse« untermauert werden können. Positiv fällt in jedem Fall der »hohe persönliche Einsatz, weit über die üblichen Arbeitszeiten hinaus« auf. Die Wertschätzung des Geschäftsführers für die Leistungen seiner ehemaligen Assistentin wird im gesamten Zeugnis und auch mit der geleisteten Unterschrift am Ende deutlich.

Beispiel 27: Zwischenzeugnis Entwicklungsingenieur

Zwischenzeugnis

Herr Georg Zogalla, geboren am 23.03.1986 in Brenz, trat am 01.04.2013 als Entwicklungsingenieur in unser Unternehmen ein und ist im Bereich Entwicklung tätig.

Sein Tätigkeitsbereich umfasst die Entwicklung einer Gefahrenmeldergeneration, einschließlich der dazugehörigen Software.

Zu seinem Aufgabenbereich gehören insbesondere:

- Dokumentation
- Entwicklung von Software
- Erstellung von PC-basierten Softwarewerkzeugen (Programmsprache »C«)
- Erstellung einer internationalen Norm
- Standardisierung eines Bussystems

Herr Zogalla war pflichtbewusst und ist ein belastbarer und ausdauernder Mitarbeiter. Er verfügt über Fachkenntnisse, die er praktisch gut umsetzte. Sein Arbeitsstil war stets sehr zweckmäßig. Die ihm übertragenen Arbeiten werden stets zu unserer vollsten Zufriedenheit ausgeführt.

Sein ausgeglichenes, aber bestimmtes Wesen sichert ihm stets ein gutes Verhältnis zu Vorgesetzten und Kollegen.

Herr Zogalla nimmt zum 01. Oktober 2019 die Herausforderung für die Position des Produktlinienmanagers Sicherheitstechnik wahr, einer weiteren Produktlinie in unserem Haus. Da dies mit einem Wechsel des Vorgesetzten verbunden ist, wird dieses Zwischenzeugnis auf Wunsch von Herrn Zogalla erstellt.

Giengen, 30. September 2019

Meldetechnik GmbH

J. Bahmann

Der Entwicklungsingenieur Georg Zogalla ist in seinem Unternehmen zum Produktlinienmanager befördert worden. Da sich seine Aufgaben nun ändern und er auch einen neuen Vorgesetzten bekommt, hat er gegenüber seinem bisherigen Chef den Wunsch nach einem Zwischenzeugnis geäußert. Nun hat ihm die Firma einen Entwurf des Zwischenzeugnisses zugesandt und Herrn Zogalla gebeten, dazu Stellung zu nehmen beziehungsweise Änderungen vorzuschlagen.

Luftiger Aufbau mit vielen Leerzeilen

Schon ein erster flüchtiger Blick auf das Zwischenzeugnis macht klar, dass hier sehr kurz und sicherlich zu knapp formuliert wurde. Das Zwischenzeugnis wirkt sehr »luftig«. Schaut man bei der Aufgabenbeschreibung genauer hin, werden nur fünf spärliche, einzelne Punkte aufgelistet. Das ist schon rein formal zu wenig, da Herr Zogalla immerhin sechs Jahre als Entwicklungsingenieur für die Firma Meldetechnik GmbH gearbeitet hat. Schlimm genug, dass sein Aufgabengebiet nur so oberflächlich angerissen wird - hinzu kommen aber auch noch grobe Schnitzer in der Rangfolge der Aufgaben. Wenn der erste Punkt »Dokumentation« und der zweite »Entwicklung von Software« heißt, denken Zeugnisprofis gleich an Praktikantenzeugnisse, denn solche Aufgabenbeschreibungen finden sich eigentlich immer in Zeugnissen von Berufsanfängern aus dem IT-Bereich.

Keine einheitliche Zeitform, sondern ständiges Springen zwischen Gegenwarts- und Vergangenheitsform

In unserer Beratungspraxis stellen wir immer wieder fest, dass es in Zwischenzeugnissen häufig zu einem Wirrwarr mit den Zeiten kommt. Grundsätzlich gilt die Regel, dass Zwischenzeugnisse in der Zeitform »Gegenwart« abzufassen sind, schließlich arbeitet der Beurteilte weiterhin für die Firma. Erst im Abschlusszeugnis ist dann die Vergangenheitsform zu verwenden. Hier geht es mit den Zeiten in den einzelnen Leistungsbeurteilungen aber hin und her. Erst heißt es »Herr Zogalla war pflichtbewusst«, dann aber im gleichen Satz »und ist ein belastbarer und ausdauernder Mitarbeiter«. War er also nur früher pflichtbewusst und heute nicht mehr? Das Gleiche passiert auch bei der Darstellung der Fachkenntnisse: »Er verfügt über Fachkenntnisse, die er praktisch gut umsetzte«. Bedeutet dies nun übersetzt: »Er hat Fachkenntnisse, die er früher einmal für uns eingesetzt hat, heute aber nicht mehr einbringt«?

Auch beim Sozialverhalten von Herrn Zogalla kommen Zweifel an seiner Eignung auf. Hier heißt es: »Sein ausgeglichenes, aber bestimmtes Wesen«. Diese Formulierung ist ungeschickt, denn ein aufmerksamer Leser denkt gleich an einen sturen Querkopf, der nur dann ausgeglichen ist, wenn es nach seinem Willen geht, aber sonst überhaupt nicht mit sich reden lässt.

Obwohl es im Zwischenzeugnis von Herrn Zogalla in der zusammenfassenden Leistungsbeurteilung heißt »Die ihm übertragenen Aufgaben werden stets zu unserer vollsten Zufriedenheit ausgeführt«, was der Note 1 entspricht, ist der Entwurf dringend überarbeitungsbedürftig.

Zwischenzeugnis

Herr Georg Zogalla, geboren am 23.03.1986 in Brenz, trat am 01.04.2013 als Entwicklungsingenieur und Projektleiter in unser Unternehmen ein und ist im Bereich Entwicklung, Fachgebiet Sensorik und Meldetechnik, tätig.

Sein Tätigkeitsbereich umfasst die Neuentwicklung einer vollständig neuen Gefahrenmeldergeneration, einschließlich der dazugehörigen Software.

Zu seinem Aufgabenbereich gehören insbesondere:

- Entwicklung einer Software für 4-bit microcontrollerbasierte Produkte
- Erstellung von PC-basierten Softwarewerkzeugen (Programmsprache »C«)
- Erstellung einer internationalen Norm
- Mitarbeit in einer europäischen Arbeitsgruppe
- Standardisierung eines Bussystems für die Gefahrenmeldetechnik, auch auf internationaler Ebene
- Präsentation der neuen Gefahrenmelder auf europäischen Messen und Kongressen

Herr Zogalla nimmt seine Aufgaben stets mit großer Einsatzbereitschaft wahr. Aufgrund seiner ausgezeichneten Fachkenntnisse, seiner Teamfähigkeit und seines gewinnenden Wesens findet Herr Zogalla große Akzeptanz in unserem Unternehmen. Er besitzt eine pragmatische, zielgerichtete Arbeitsweise. Die ihm übertragenen Arbeiten werden stets zu unserer vollsten Zufriedenheit ausgeführt.

Sein Verhalten gegenüber Vorgesetzten und Kollegen ist stets einwandfrei und von sehr guter Zusammenarbeit geprägt.

Herr Zogalla nimmt zum 01. Oktober 2019 die Herausforderung für die Position des Produktlinienmanagers Sicherheitstechnik wahr, einer weiteren Produktlinie in unserem Haus. Da dies mit einem Wechsel des Vorgesetzten verbunden ist, wird dieses Zwischenzeugnis auf Wunsch von Herrn Zogalla erstellt. Wir danken ihm ausdrücklich für seine stets sehr gute Mitarbeit und hoffen auf eine noch lange währende gute Zusammenarbeit.

Giengen, 30. September 2019

Meldetechnik GmbH

J. Bahmann
Betriebsleiter Technik

Wichtige Erwähnung der Präsentationserfahrung

Die neue Aufgabenbeschreibung wirkt deutlich überzeugender. Statt der knappen Auflistungspunkte wie zum Beispiel »Entwicklung von Software« heißt es nun »Entwicklung einer Software für 4-bit microcontrollerbasierte Produkte«. Neu hinzugekommen ist der letzte Punkt »Präsentation der neuen Gefahrenmelder auf europäischen Messen und Kongressen«. So wird deutlich, dass Herr Zogalla nicht nur über eine hohe fachliche Kompetenz, sondern auch über wichtige Soft Skills, nämlich Präsentationsgeschick und Kommunikationsstärke, verfügt. Der kleine, aber feine Hinweis »auf europäischen« ist ein Beleg für die Sicherheit und Gewandtheit von Herrn Zogalla auf internationalem Parkett, denn man kann davon ausgehen, dass er die von ihm entwickelten Produkte auf Messen und Kongressen in englischer Sprache präsentiert hat. Schon diese neue Aufgabenbeschreibung macht also das umfassende Potenzial von Herrn Zogalla deutlich.

Mehrdeutige Adjektive wurden gegen klar positive ausgetauscht

In dem Block mit den Leistungsbeurteilungen ist der Zeitenwirrwarr beseitigt. Es heißt jetzt richtig: »Herr Zogalla nimmt seine Aufgaben stets mit großer Einsatzbereitschaft wahr« und »Aufgrund seiner ausgezeichneten Fachkenntnisse, seiner Teamfähigkeit und seines gewinnenden Wesens findet Herr Zogalla große Akzeptanz in unserem Unternehmen«. Die einzelnen Beschreibungen ergeben nun ein stimmiges Gesamtbild. Das störende Wort »pflichtbewusst« ist verschwunden. Gleiches gilt auch für den »zweckmäßigen Arbeitsstil« - stattdessen heißt es, dass er eine »pragmatische, zielgerichtete Arbeitsweise« besitzt. Vor dem inneren Auge des Zeugnislesers taucht anhand dieser neuen Formulierungen das Bild eines analytisch und methodisch vorgehenden Ingenieurs auf, der auch im anstrengenden Tagesgeschäft seine vorgegebenen Ziele stets mit Nachdruck verfolgt.

In dem Block Sozialverhalten heißt es jetzt »Sein Verhalten gegenüber Vorgesetzten und Kunden ist stets einwandfrei und von sehr guter Zusammenarbeit geprägt«. Da Herr Zogalla in der zusammenfassenden Leistungsbeurteilung am Ende der einzelnen Beurteilungen bereits mit sehr gut bewertet wurde, darf die Bewertung seines Sozialverhaltens nicht dahinter zurückstehen. Folgerichtig entspricht die neue Formulierung ebenfalls der Note 1.

Formale Schnitzer wurden korrigiert

Auch einige formale Aspekte haben etwas Feinschliff bekommen. So ist nun in der Einleitung des Zwischenzeugnisses der Bereich »Entwicklung« genauer definiert: Er heißt jetzt »Bereich Entwicklung, Fachgebiet Sensorik und Meldetechnik«. Auch die berufliche Position des Zeugnissausstellers »J. Bahmann« wird jetzt durch die ergänzende Angabe »Betriebsleiter Technik« deutlich.

Fazit

Herr Zogalla hat gut daran getan, den ersten Entwurf seines Zwischenzeugnisses nicht einfach zu akzeptieren, sondern Nachbesserungen einzufordern. Es könnte ja passieren, dass er mit dem zukünftigen Vorgesetzten nicht klarkommt und sich dann plötzlich nach einer neuen Stelle umsehen muss. Glücklicherweise hält er sich mit diesem sehr guten Zwischenzeugnis alle beruflichen Optionen offen.

Beispiel 28: Zwischenzeugnis Marketingreferentin

ZWISCHENZEUGNIS

Frau Petra Seemann, geboren am 22. November1978, ist seit dem 1. April 2015 als Marketingreferentin in der Abteilung Marketing und Vertrieb unseres Verlages beschäftigt.

Das Aufgabengebiet umfasste folgende Tätigkeiten:

- Pflege von Datenbanken
- Konzeption von Werbetexten
- Konzeption von Anzeigen
- Neukonzeption von Direct-Mailings
- Werbeplanung
- Kostenanalysen

Frau Seemann ist hoch motiviert und realisiert beharrlich die gesetzten Ziele. Sie hat sich sehr schnell in die Arbeitsabläufe der Abteilung eingefunden. Frau Seemann verfügt über ein sehr fundiertes und praxisorientiertes Fachwissen und arbeitet auch unter großem Zeitdruck stets selbstständig und mit hoher Qualität. Die ihr übertragenen Aufgaben hat sie zu unserer Zufriedenheit erfüllt.

Mit den Vorgesetzten und Kollegen kam sie gut zurecht.

Wir stellen dieses Zwischenzeugnis auf Wunsch von Frau Seemann aus, da ihre Position aufgrund einer Restrukturierung des Bereiches Marketing und Vertrieb mit Wirkung vom 1. Januar 2020 einer anderen Abteilung zugeordnet wurde.

Frankfurt, 31. Dezember 2019

Nording-Verlag GmbH & Co. KG

Lars Wulff
Assistent der Geschäftsleitung

Der Arbeitgeber der Marketingreferentin Petra Seemann, der Nording-Verlag, ist restrukturiert worden. Da Frau Seemann künftig einer anderen Abteilung zugeordnet ist, hat sie ein Zwischenzeugnis erbeten. Leider wurde es von dem Assistent der Geschäftsleitung, Lars Wulff, ausgestellt, und der ist erst seit ein paar Wochen im Unternehmen …

Fehlende Leerstellen – Absicht oder Flüchtigkeitsfehler?

An diesem Zwischenzeugnis sticht gleich in der Einleitung förmlich ins Auge, dass beim Geburtsdatum, dem »22. November1970«, zwischen Monat und Jahr die Leerstelle fehlt. Richtet man den Blick ans Ende des Zwischenzeugnisses auf das Ausstellungsdatum, fehlt die Leerstelle zwischen Monat und Jahr zum zweiten Mal. Bei solchen formalen Schnitzern kommt der geübte Zeugnisleser gleich ins Grübeln: Hat Frau Seemann ihr Zeugnis nicht Korrektur gelesen? Oder will der Zeugnisaussteller sie womöglich zwischen den Zeilen abwerten? Leider spricht für die zweite Einschätzung, dass in der Einleitung auch noch die eher negative Passivformel »ist ... beschäftigt« auftaucht. Hinzu kommt noch der ungewöhnliche Zeugnisaussteller, nämlich der »Assistent der Geschäftsleitung Lars Wulff«: Warum hat nicht der direkte Vorgesetzte unterschrieben? Gab es Ärger zwischen ihm und Frau Seemann?

Zu viel Konzeption, zu wenig Realisierung

Die Einleitung »Das Aufgabengebiet umfasste folgende Tätigkeiten« enthält gleich zwei gravierende Fehler: Zum einen bleibt Frau Seemann als Mitarbeiterin unerwähnt, denn richtigerweise hätte es heißen müssen »Ihr Aufgabengebiet umfasste«. Zum anderen ist die Vergangenheitsform »umfasste« im Zwischenzeugnis falsch, denn Frau Seemann wird weiterhin im Unternehmen arbeiten. Auch bei der Schilderung der einzelnen Tätigkeiten sieht es schlecht aus. Da als erster Punkt die relativ anspruchslose Tätigkeit »Pflege von Datenbanken« genannt wird, schließt ein Personalprofi auf ein nur durchschnittliches Können. Recht langatmig werden dann Routineaufgaben wie »Konzeption von Werbetexten« und »Konzeption von Anzeigen« als Extrapunkte aufgelistet. Merkwürdig ist auch die »Neukonzeption von Direct-Mailings«, denn hier wird zum dritten Mal konzipiert. Hat Frau Seemann immer nur tolle Gedanken gehabt, die sie aber nie realisiert hat?

Note schwankt zwischen gut und befriedigend

In den einzelnen Leistungsbeurteilungen sieht es wieder besser für Frau Seemann aus. Ihre Arbeitsmotivation wird als hoch eingestuft, und ihr Fachwissen wird mit sehr gut bewertet. Nachdem noch mitgeteilt wird, dass sie »auch unter großem Zeitdruck stets selbstständig und mit hoher Qualität arbeitet«, ist man fast versöhnt. Doch mit der zusammenfassenden Leistungsbeurteilung »Die ihr übertragenen Aufgaben hat sie zu unserer Zufriedenheit erfüllt« wird gleich wieder alles abgewertet, denn übersetzt heißt das: Sie hat die Aufgaben nur durchschnittlich (Note befriedigend) gelöst.

Entweder ist der Zeugnisaussteller schlecht auf Frau Seemann zu sprechen oder einfach überfordert. So oder so: Dieses Zwischenzeugnis sollte sie auf keinen Fall akzeptieren.

ZWISCHENZEUGNIS

Frau Petra Seemann, geboren am 22. November 1978, trat am 1. April 2015 als Marketingreferentin in die Abteilung Marketing und Vertrieb unseres Verlages ein.

Ihr Aufgabengebiet umfasst folgende Tätigkeiten:
- Konzeption, Koordination und Realisierung von Werbetexten, Prospekten und Anzeigen
- Neukonzeption und Realisierung der Direct-Mailing-Maßnahmen
- Ausarbeitung der jährlichen Werbeplanung
- Kostenanalysen einschließlich Erfolgskontrolle
- Pflege von Datenbanken und des Archivs

Frau Seemann ist hoch motiviert und realisiert beharrlich die gesetzten Ziele. Sie hat sich sehr schnell in die Arbeitsabläufe der Abteilung eingefunden. Frau Seemann verfügt über ein sehr fundiertes und praxisorientiertes Fachwissen und arbeitet auch unter großem Zeitdruck stets selbstständig und mit hoher Qualität. Besonders hervorzuheben ist das Engagement von Frau Seemann bei der Werbeerfolgskontrolle. Hier hat sie mithilfe selbst entwickelter Statistiken erhebliche Verbesserungen erzielt. Ihre Leistungen sind stets gut.

Mit den Vorgesetzten und Kollegen ist sie stets gut zurechtgekommen.

Wir stellen dieses Zwischenzeugnis auf Wunsch von Frau Seemann aus, da ihre Position aufgrund einer Restrukturierung des Bereiches Marketing und Vertrieb mit Wirkung zum 1. Januar 2020 einer anderen Abteilung zugeordnet wurde. Wir bedanken uns bei Frau Seemann für ihre stets wertvolle Mitarbeit und wünschen ihr auch weiterhin den Erfolg der Tüchtigen in unserem Unternehmen.

Frankfurt, 31. Dezember 2019

Nording-Verlag GmbH & Co. KG

Lisa Groth — *Manuela Probst*
Marketingleiterin — Personalleiterin

Die richtigen Personen haben das Zeugnis unterschrieben

Frau Seemann hat ihr Zwischenzeugnis überarbeitet und dann auch diese verbesserte Version erhalten. Schon die Beseitigung der formalen Fehler macht das Zeugnis gleich besser. Die fehlenden Leerstellen zwischen Monat und Jahr beim Geburtsdatum und beim Ausstellungsdatum wurden eingefügt, und in der Einleitung wird jetzt die Aktivformel »trat ... ein« benutzt. Unterschrieben wurde das Zeugnis nun von der direkten Fachvorgesetzten, der »Marketingleiterin Lisa Groth«, und der »Personalleiterin Manuela Probst«. Damit ist der vorher störende Fehler - die Unterschrift durch den nicht zuständigen Assistenten der Geschäftsleitung - ausgeräumt.

Überzeugendes und aussagekräftiges Profil

Nach der Verbesserung der Einleitung zur Aufgabenbeschreibung in »Ihr Aufgabengebiet umfasst folgende Tätigkeiten« werden nun Nägel mit Köpfen gemacht. Schon der erste Punkt der Aufgabenbeschreibung ist wesentlich aussagekräftiger, es heißt jetzt »Konzeption, Koordination und Realisierung von Werbetexten, Prospekten und Anzeigen«. Frau Seemann hat also nicht nur Gedankenspiele betrieben, sondern ihre Vorstellungen auch umgesetzt. Überzeugend ist jetzt auch die Formulierung zu ihren Aktivitäten im Bereich Direktmarketing. Mit dem Satz »Neukonzeption und Realisierung der Direct-Mailing-Maßnahmen« wird ein weiteres Mal die Ergebnisorientierung von Frau Seemann belegt. Insgesamt kann die Aufgabenbeschreibung nun überzeugen, das gute berufliche Profil von Frau Seemann wird für Außenstehende nachvollziehbar und kann auch Personalprofis überzeugen.

Besondere Erfolge werden anhand von Beispielen belegt

Da die Werbebranche eigentlich immer unter Rechtfertigungsdruck steht, macht es sich natürlich gut, wenn man gegenüber künftigen Arbeitgebern und Auftraggebern die Erfolge von durchgeführten Werbemaßnahmen auch plausibel machen kann. Daher ist es sehr gut, dass es im Zwischenzeugnis nun heißt: »Besonders hervorzuheben ist das Engagement von Frau Seemann bei der Werbeerfolgskontrolle. Hier hat sie mithilfe selbst entwickelter Statistiken erhebliche Verbesserungen erzielt.« Tauchen im Block der einzelnen Leistungsbeurteilungen derartige besondere Erfolge auf, werden diese von Personalverantwortlichen immer wohlwollend zur Kenntnis genommen. Gerade auch in künftigen Vorstellungsgesprächen sind solche herausragenden Erfolge in Zeugnissen beliebte Anknüpfungspunkte, um mehr über die Bewerber und ihr Engagement am Arbeitsplatz zu erfahren.

Auch dieses neue Zwischenzeugnis ist ein besonderer Erfolg für Frau Seemann. Es hat sich für sie mit Sicherheit gelohnt, den misslungenen ersten Entwurf zu überarbeiten und mit freundlichem Nachdruck auf Veränderungen hinzuwirken. Dieses gelungene Zwischenzeugnis kann sie ruhigen Gewissens akzeptieren.

Beispiel 29: Zwischenzeugnis Elektrotechniker

Bescheinigung

Herr Jürgen Hagen, geboren am 19. Mai 1976 in Celle, trat am 1. Oktober 2015 in unser Unternehmen ein.

Die Maschinenbau GmbH hat sich auf die Planung und Konstruktion von Sondermaschinen für die verarbeitende Industrie spezialisiert. Sie ist als Zulieferer von Anlagenbauern und Weiterverarbeitern tätig. Ausgeprägte Kunden- und Marktorientierung sind unsere Stärken. Unseren Erfolg verdanken wir vor allem unseren engagierten Mitarbeitern. Im Dialog mit unseren Kunden liefern wir seit über 70 Jahren individuelle Problemlösungen für unterschiedliche technische Anwendungen.

Das Aufgabengebiet umfasst die Inbetriebnahme der Sondermaschinen, die Softwareerstellung, die Erarbeitung von Dokumentationen und die Wahrnehmung von Serviceeinsätzen.

Wir kennen Herrn Hagen als interessierten und belastbaren Mitarbeiter. Die erworbenen Fachkenntnisse ermöglichen es Herrn Hagen, weitgehend autonom zu arbeiten. Aufgrund seiner Berufserfahrung löst Herr Hagen auch schwierige Problemfälle stets sehr erfolgreich. Insgesamt lässt sich sagen, dass er die ihm übertragenen Aufgaben stets zu unserer vollen Zufriedenheit ausführt.

Sein persönliches Verhalten ist einwandfrei, im Unternehmen ist er stets geschätzt.

Dieses Zwischenzeugnis wurde auf Wunsch von Herrn Hagen erstellt.

Maschinenbau GmbH

Karl-Heinz Hansen
Abteilungsleiter

Der Elektrotechniker Jürgen Hagen arbeitet seit über dreieinhalb Jahren in der Maschinenbau GmbH und wechselt nun von der Abteilung Service in die Abteilung Entwicklung. Daher hat er ein Zwischenzeugnis erbeten. Aber schon die ungewöhnliche Überschrift »Bescheinigung« macht ihn stutzig. Also liest er das Zwischenzeugnis gründlich durch und sucht nach weiteren Fehlern – und wird schnell fündig.

Falsche Zeugnisüberschrift

Die Überschrift »Bescheinigung« ist natürlich ein gravierender Fehler. Es ist unter Zeugnisexperten völlig unstrittig, dass Arbeitszeugnisse auch die entsprechende Überschrift haben müssen. Weder »Bescheinigung«, »Beurteilung« noch »Zwischenbewertung« sind als Überschriften akzeptabel. Hier hätte es eindeutig »Zwischenzeugnis« heißen müssen.

Die Position im Unternehmen wird nicht klar

Wenn es heißt »Herr Jürgen Hagen, geboren ... in Celle, trat am 1. Oktober 2010 in unser Unternehmen ein«, stellt man sich unwillkürlich die Frage, in welcher Funktion er denn der Firma beigetreten ist, denn die Stellenbezeichnung taucht überhaupt nicht auf. Auch Abteilung oder Arbeitsgebiet werden nicht erwähnt. Ebenso fehlt das Wechseldatum, das weder im Einleitungsabsatz noch im Schlussabsatz genannt wird. Es reicht auf keinen Fall aus, einfach zu schreiben »Dieses Zwischenzeugnis wurde auf Wunsch von Herrn Hagen erstellt«. Das klingt fast so, als ob der Zeugnisaussteller immer noch empört darüber sei, dass Herr Hagen von ihm einfach so ein Zwischenzeugnis verlangt hat.

Ausführlicher Werbetext zulasten der Aufgabenbeschreibung

In so manchem Zeugnis wird nicht nur etwas über den Beurteilten, sondern auch etwas über die Firma mitgeteilt. Das ist nicht grundsätzlich verkehrt, da gerade kleine und mittlere Firmen nicht jedem neuen Arbeitgeber bekannt sind - insbesondere dann, wenn der Beurteilte in eine andere Region zieht. In diesem Fall übertreibt die Firma aber: Es werden ganze acht Zeilen der Firmenwerbung gewidmet, aber nur knapp drei Zeilen dem Aufgabenbereich von Herrn Hagen.

Wenn es in den Angaben zum Sozialverhalten heißt »Sein persönliches Verhalten ist einwandfrei, im Unternehmen ist er stets geschätzt«, ist das missverständlich. Hier hätte Bezug auf den Umgang mit Vorgesetzten und Mitarbeitern genommen werden müssen, denn sonst stellt sich die Frage, wo im Unternehmen er geschätzt ist - etwa beim Mittagessen in der Kantine?

Verlangt hat Herr Hagen ein Zwischenzeugnis, bekommen hat er lediglich eine Bescheinigung mit hohen Werbeanteilen für die ausstellende Firma. Das ist jedoch leider keine gute Eigenwerbung für Herrn Hagen.

Zwischenzeugnis

Herr Jürgen Hagen, geboren am 19. Mai 1976 in Celle, trat am 1. Oktober 2015 als Elektrotechniker für die Abteilung Service in unser Unternehmen ein.

Die Maschinenbau GmbH hat sich auf die Planung und Konstruktion von Sondermaschinen für die verarbeitende Industrie spezialisiert. Als Zulieferer von Anlagenbauern und Weiterverarbeitern ist sie weltweit tätig.

Das Aufgabengebiet von Herrn Hagen umfasst im Wesentlichen:

- Inbetriebnahme der Sondermaschinen beim Kunden
- Programmierung der SPS-Software für den Betrieb der Maschinen
- Erarbeitung von Dokumentationen und Handbüchern für den Service
- Wahrnehmung nationaler und internationaler Serviceeinsätze
- Einarbeitung neuer Mitarbeiter für den Bereich Wartung und Service

Wir kennen Herrn Hagen als engagierten und motivierten Mitarbeiter. Er ist belastbar und auch starkem Arbeitsanfall jederzeit gewachsen. Die erworbenen Fachkenntnisse ermöglichen es Herrn Hagen, weitgehend autonom zu arbeiten, was gerade in den nationalen und internationalen Serviceeinsätzen beim Kunden vor Ort ein Muss darstellt. Aufgrund seiner systematischen Arbeitsweise und seiner großen Berufserfahrung löst Herr Hagen auch schwierige Problemfälle stets sehr erfolgreich. Besonders begrüßen wir das Bestreben von Herrn Hagen, sich regelmäßig durch Besuche von Fachkursen und durch das Wahrnehmen anderer Fortbildungsmöglichkeiten mit den neuesten Entwicklungen in seinem Fachgebiet vertraut zu machen. Insgesamt lässt sich sagen, dass er die ihm übertragenen Aufgaben stets zu unserer vollen Zufriedenheit ausführt.

Sein persönliches Verhalten ist jederzeit einwandfrei, bei Vorgesetzten, Mitarbeitern und Kunden ist er stets geschätzt.

Dieses Zeugnis wurde auf Wunsch von Herrn Hagen erstellt, da er zum 15. August 2019 in die Abteilung Entwicklung wechselt. Wir schätzen Herrn Hagen als einen überdurchschnittlichen Mitarbeiter und danken ihm für seine bisherige Tätigkeit. Für seinen neuen Aufgabenbereich wünschen wir ihm weiterhin Erfolg.

Uelzen, 31. Juli 2019

Maschinenbau GmbH

Karl-Heinz Hansen
Abteilungsleiter Service

Bereits die neue Gewichtung von Selbstbeschreibung der Firma und dem Aufgabenbereich von Herrn Hagen macht klar, dass nun die Aufgaben des Mitarbeiters und nicht mehr die Eigenwerbung im Vordergrund stehen. Die Selbstbeschreibung ist deutlich gekürzt, und gleichzeitig ist der Zusatz »weltweit« eingefügt worden. Damit erfährt der Leser schon vor der Aufgabenbeschreibung, dass Herr Hagen weltweit Serviceeinsätze »beim Kunden vor Ort« durchgeführt hat.

Breites Profil in der Aufgabenbeschreibung

Die Aufgabenbeschreibung ist insgesamt umfangreicher. Nicht nur technische Aspekte wie die »Inbetriebnahme der Sondermaschinen beim Kunden« oder die »Programmierung der SPS-Software« werden genannt, auch die Mobilität und Reisebereitschaft von Herrn Hagen werden anhand der »Wahrnehmung nationaler und internationaler Serviceeinsätze« deutlich. Abgerundet wird das Profil mit der »Einarbeitung neuer Mitarbeiter für den Bereich Wartung und Service«. Herr Hagen ist demnach sowohl technisch versiert als auch sozial kompetent.

Die Bereitschaft zur ständigen Weiterbildung wird hervorgehoben

Die einzelnen Leistungsbeurteilungen sind jetzt viel umfassender und individueller zugeschnitten als im misslungenen Zwischenzeugnis. Besonders hervorgehoben wird die Weiterbildungsbereitschaft von Herrn Hagen. Er hat »Fachkurse« und »andere Fortbildungsmöglichkeiten« genutzt, »um sich mit den neuesten Entwicklungen in seinem Fachgebiet vertraut zu machen«. Seine Bereitschaft zum ständigen Dazulernen ist ein echter Trumpf im Zwischenzeugnis, denn gerade in technischen Arbeitsfeldern bleibt die Entwicklung niemals stehen. Da macht es sich gut, wenn schon im Zeugnis lobend erwähnt wird, dass der Beurteilte mit seinem Fachwissen stets am Ball geblieben ist.

Wichtige Fähigkeiten wie autonomes Arbeiten und Kundenorientierung werden gelobt

Sowohl im Block Sozialverhalten als auch in den einzelnen Leistungsbeurteilungen wird jetzt deutlich, dass Herr Hagen über eine gute Kundenorientierung verfügt - schließlich hat er »weitgehend autonom beim Kunden vor Ort« gearbeitet. Das ist wichtig für die Firma, damit die Servicekosten nicht explodieren und man die Kunden mittelfristig nicht verliert. Dementsprechend ist auch sein persönliches Verhalten »jederzeit einwandfrei«: Nicht nur bei »Vorgesetzten und Mitarbeitern«, sondern auch bei »Kunden ist er stets geschätzt«.

Ein so einsatzfreudiger Mitarbeiter wie Herr Hagen verdient mehr Engagement beim Abfassen des Zwischenzeugnisses als bei der ersten, misslungenen Version. Mit diesem guten Zwischenzeugnis signalisiert die Firma, dass sie die Qualitäten von Herrn Hagen durchaus kennt und ausdrücklich auch schätzt!

Beispiel 30: Zwischenzeugnis Pharmareferentin

Zwischenzeugnis

Frau Lachenmann wird seit dem 15. Januar 2017 als Pharmareferentin für unser Unternehmen eingesetzt.

Schwerpunktmäßig gehört zu den Aufgaben:
- Aufbau und Pflege von Kontakten zu Ärzten,
- Organisation und Durchführung von Fortbildungsmaßnahmen für Ärzte und Pflegepersonal,
- Unternehmensrepräsentation auf Kongressen,
- Kaufmännische Verhandlungen mit den Einkäufern der Kliniken.

Frau Lachenmann ist in ihrem Aufgabengebiet stets außerordentlich engagiert. Sie ist eine flexible Mitarbeiterin. Insgesamt führt sie die ihr übertragenen Aufgaben zu unserer höchsten Zufriedenheit mit sehr großem Elan und Pflichtbewusstsein aus.

Mit den Vorgesetzten und Kollegen kommt sie stets gut zurecht. Auch im Kundenverkehr zeigt sie großes psychologisches Geschick.

Dieses Zwischenzeugnis erstellen wir aufgrund der Tatsache, dass Frau Lachenmanns Vorgesetzter einen internen Wechsel zum Konzern-Hauptsitz nach Nürnberg vornimmt.

Hannover, 25. Oktober 2019

Pharma AG

Andreas Hofstedt

Die Pharmareferentin Jacqueline Lachenmann ist seit dem Jahr 2012 für die Pharma AG tätig. Ihr direkter Vorgesetzter, Herr Hofstedt, hat sich unternehmensintern wegbeworben, daher bittet Frau Lachenmann jetzt um ein Zwischenzeugnis. Herr Hofstedt hat die neue Stelle am Hauptsitz des Konzerns bereits angetreten. Er ist gerade von Hannover nach Nürnberg umgezogen und hat, bedingt durch seinen Umzug und seine neue Stelle, sehr wenig Zeit. Dementsprechend sieht leider auch das Zwischenzeugnis von Frau Lachenmann aus.

Persönliche Daten wie Vorname, Geburtsort und Geburtsdatum fehlen

Im Einleitungsabsatz zum Zwischenzeugnis von Frau Lachenmann geht es drunter und drüber. Herr Hofstedt hat offenbar so wenig Zeit beim Verfassen gehabt, dass er nicht einmal ihren Vornamen genannt hat. Viel zu knapp heißt es: »Frau

Lachenmann wird seit dem 15. Januar 2012 als Pharmareferentin für unser Unternehmen eingesetzt«. Nicht nur der Vorname, auch das Geburtsdatum und der Geburtsort fehlen. Zeugniskenner werden in diesem Fall bemängeln, dass man gar nicht erkennen kann, auf welche Frau Lachenmann sich denn das Zeugnis bezieht. Merkwürdig klingt auch die Formulierung »wird ... für unser Unternehmen eingesetzt«. Richtigerweise hätte es heißen müssen »wird ... in unserem Unternehmen eingesetzt«.

Im Block Aufgabenbeschreibung setzt sich das Chaos weiter fort. Die entpersonalisierte Einleitung »Schwerpunktmäßig gehört zu den Aufgaben« ist eine indirekte Abwertung des Könnens von Frau Lachenmann. Dieser Einleitungssatz heißt nämlich übersetzt, dass Frau Lachenmann schwerpunktmäßig die folgenden Aufgaben eigentlich hätte bewältigen sollen, es aber nicht konnte. Besser wäre also die persönlichere Einleitung »Schwerpunktmäßig gehört zu ihren Aufgaben« gewesen.

Nicht-Erwähnen bedeutet Nicht-Vorhandensein

Arbeitszeugnisse sind nicht nur daraufhin zu überprüfen, was gesagt wird, sondern auch immer darauf, was nicht gesagt wird. Zeugnisprofis sprechen hier vom »beredten Schweigen«: Durch das Weglassen bestimmter typischer Berufseigenheiten wird indirekt mitgeteilt, dass die Beurteilte das sowieso nicht konnte und der Aspekt deshalb nicht erwähnt wird. Hier fällt in den einzelnen Leistungsbeurteilungen auf, dass Frau Lachenmann zwar »außerordentlich engagiert« und »flexibel« gearbeitet hat, aber leider wohl nicht erfolgreich, denn Arbeitserfolge werden an keiner Stelle genannt.

Psychologisches Geschick kann auch negativ interpretiert werden

Der Satz »Auch im Kundenverkehr zeigt sie großes psychologisches Geschick« ist eigentlich positiv zu verstehen und wird mit der Note gut gleichgesetzt. Eingebettet in das an sich schlechte Zwischenzeugnis wirkt er aber missverständlich, da man ihn auch so interpretieren kann, dass sie die Kunden ständig übervorteilt und so immer wieder Beschwerden verursacht.

Der Zeugnisaussteller hatte es wohl zu eilig. Mit kleinen Änderungen ist es hier nicht getan. Das Zwischenzeugnis muss noch einmal komplett überarbeitet werden.

Zwischenzeugnis

Frau Jacqueline Lachenmann, geb. am 12. Oktober 1976 in Hannover, ist seit dem 15. Januar 2017 als Pharmareferentin im Verkaufsgebiet Niedersachsen-Nord für unser Unternehmen tätig. Seit dem 1. Oktober 2017 betreut sie zusätzlich das Verkaufsgebiet Niedersachsen-West.

Ihre Aufgaben sind im Einzelnen:
- Aufbau und Pflege von Kontakten zu Ärzten und Meinungsbildnern zur Erzielung der vereinbarten Umsätze
- Organisation und Durchführung von Fortbildungsmaßnahmen für Ärzte, Apotheker und Pflegepersonal
- Unternehmensrepräsentation auf Kongressen, Seminaren und Symposien
- Berichterstattung über aktuelle Entwicklungen im Außendienst
- kaufmännische Verhandlungen mit den Einkäufern und Apothekern der Kliniken

Frau Lachenmann ist in ihrem Aufgabengebiet stets außerordentlich engagiert. Sie ist eine ausdauernde, flexible und belastbare Mitarbeiterin. Sie hat sich ein umfassendes Produkt- und Fachwissen angeeignet, das sie auch stets in Gesprächen gut zur Anwendung bringt. Durch ihre selbstständige und zielgerichtete Arbeitsweise erzielt sie stets gute Verkaufserfolge. Insgesamt führt sie die ihr übertragenen Aufgaben stets mit sehr großem Elan und Pflichtbewusstsein aus.

Mit den Vorgesetzten und Kollegen kommt sie stets gut zurecht. Auch unsere Kunden schätzen sie stets als sympathische und kompetente Ansprechpartnerin.

Dieses Zwischenzeugnis erstellen wir aufgrund der Tatsache, dass Frau Lachenmanns Vorgesetzter einen internen Wechsel zum Konzern-Hauptsitz nach Nürnberg vornimmt. An dieser Stelle möchten wir Frau Lachenmann für ihre wertvollen Dienste in der Vergangenheit danken und freuen uns auf eine weiterhin gute und angenehme Zusammenarbeit.

Hannover, 25. Oktober 2019

Pharma AG

Andreas Hofstedt
Leiter Vertrieb

Renate Klein
Leiterin Personal

Aus dem Einleitungsabsatz wird jetzt auch deutlich, in welchen Verkaufsgebieten Frau Lachenmann tätig war. Ihr »Verkaufsgebiet Niedersachsen-Nord« wird ausdrücklich genannt, und es wird sogar darauf hingewiesen, dass sie nach einiger Zeit zusätzliche Verantwortung übernommen hat: Das »Verkaufsgebiet Niedersachsen-West« ist am »1. Oktober 2012« noch dazugekommen. Schließlich ist es nicht nur wichtig zu wissen, was jemand verkauft hat, sondern auch wo. Gute Vertriebsmitarbeiter werden oft abgeworben, um sich den Zugang zu bestimmten Kunden zu sichern. Daher ist es von erheblichem Vorteil, wenn im Zwischenzeugnis ausdrücklich steht, welche Verkaufsgebiete eigentlich betreut wurden.

Die Verantwortungsbereiche werden klar genannt

Die Einleitung zur Aufgabenbeschreibung ist diesmal korrekt und lautet »Ihre Aufgaben sind im Einzelnen«. Die einzelnen Tätigkeiten sind viel umfangreicher und aussagekräftiger dargestellt. So hat Frau Lachenmann nicht nur »Kontakte zu Ärzten«, sondern auch zu »Meinungsbildnern« im Bereich Pharma geknüpft und gepflegt. Die »Fortbildungsmaßnahmen« hat sie sowohl für »Ärzte und Pflegepersonal« als auch für »Apotheker« durchgeführt. Darüber hinaus hat sie aufgrund ihrer guten Kontakte zu Ärzten, Apothekern, Meinungsbildnern und Pflegepersonal auch die Wettbewerber im Blick gehabt und konnte deshalb regelmäßig eine fundierte »Berichterstattung über aktuelle Entwicklungen im Außendienst« liefern.

Die einzelnen Leistungsbeurteilungen sind nun vollständig. Es wird ausdrücklich auch auf die Arbeitserfolge von Frau Lachenmann hingewiesen, denn es heißt jetzt »Durch ihre selbstständige und zielgerichtete Arbeitsweise erzielt sie stets gute Verkaufserfolge«. Wichtig bei der Arbeitsbefähigung ist auch, dass Frau Lachenmann nicht bloß als flexibel dargestellt wird, denn das ist als Beschreibung zu wenig. Jetzt heißt es viel überzeugender »Sie ist eine ausdauernde, flexible und belastbare Mitarbeiterin«. In die zusammenfassende Leistungsbeurteilung »Insgesamt führt sie die ihr übertragenen Aufgaben stets mit sehr großem Elan und Pflichtbewusstsein aus« ist noch das wichtige Wort *stets* eingefügt worden. Damit ist der Block mit den Leistungsbeurteilungen vollständig ausgeführt worden. Spekulationen über »beredtes Schweigen« kommen jetzt nicht mehr auf.

Konkrete Verkaufserfolge werden genannt

Die fehlenden Punkte wie Vorname, Geburtsdatum und Positionsbezeichnung des Zeugnisausstellers sind nun eingefügt worden. Auch ein weiterer formaler Schnitzer ist korrigiert worden: Neben dem »Leiter Vertrieb«, Herrn Hofstedt, hat jetzt auch die »Leiterin Personal«, Frau Klein, unterschrieben.

Die Formalien stimmen jetzt

Fazit

Mit diesem guten Zwischenzeugnis kann Frau Lachenmann jederzeit weiteren Schwung in ihre berufliche Entwicklung bringen. Vielleicht bewirbt sie sich ja auch bald auf eine neue, leitende Stelle. Mit diesem Zeugnis kann sie jedenfalls belegen, dass sie das Potenzial dazu hat.

Beispiel 31: Trainee-Zeugnis

Zeugnis

Herr Nicolas Weber, geb. am 3. Juni 1993 in Cottbus, begann zum 1. Oktober 2017 als Führungsnachwuchskraft (Trainee) in unserem Unternehmen. Diese maximal 24 Monate dauernde Ausbildung dient der Vorbereitung auf die Tätigkeit eines Geschäftsstellenleiters.

Die erste Phase der Ausbildung absolvierte Herr Weber in der Geschäftsstelle Hamburg-Süd. Dort durchlief er einen zwölfmonatigen Vertretereinsatz, um Beratugserfahrungen zu sammeln sowie eigenständige Akquisition zu betreiben. Den anschließenden viermonatigen Ausbildungsabschnitt absolvierte Herr Weber im Rahmen einer Hospitanz in der Geschäftsstelle Hamburg-West. Schwerpunkt seiner Tätigkeit war dort die Planung von Seminaren für den Ausendienst.

Die letzte Phase der Ausbildung beinhaltete Hospitanzen bei Führungskräften im Außendienst. Herr Weber arbeitete insgesamt vier Führungskräften in den Geschäftsstellen Hamburg-Nord, Hamburg-West und Hamburg-Süd zu. Als Aufgaben anzuführen sind hierbei im Wesentlichen die Planung von Umsätzen, Verkaufsförderungsaktivitäten und Verkaufsschulungsmaßnahmen. Hinzu kam die Betreuung der Außendienstmitarbeiter in Personalfragen.

Herr Weber verfügt über gute Fach- und Produktkenntnisse und arbeitet zielorientiert und zuverlässig. Er nahme alle Ausbildungsabschnitte mit großem Engagement wahr und entwickelte viel Eigeninitiative bei der Erfüllung seiner Aufgaben. Herr Weber hat sich systematisch auf seine zukünftige Führungsaufgabe vorbereitet. Er erfüllte die ihm übertragenen Aufgaben gut.

Das Verhalten von Herrn Weber gegenüber Ausbildern, Vorgesetzten, Kollegen und Kunden war stets gut. Seine freundliche, aufgeschlossene und verbindliche Art brachte ihm Sympathien ein.

Nach Abschluss seiner Ausbildung wurde Herr Weber mit Wirkung zum 1. August 2019 als Leiter der Geschäftsstelle Lüneburg innerhalb der Direktion Nord IV eingesetzt. Wir wünschen Herrn Weber für seine neue Aufgabe viel Glück und hoffen auf eine lang anhaltende und weiterhin gute Zusammenarbeit.

Hamburg, 31. August 2019

Versicherungs AG

H. R. Müller
Direktionsleiter Nord IV

Nicolas Weber hat nach seinem Studium der Betriebswirtschaft bei der Versicherungs AG ein Trainee-Programm durchlaufen. Nach dem erfolgreichen Trainee-Programm wurde er – wie geplant – als Geschäftsstellenleiter eingesetzt. Sein Chef ist also durchaus mit ihm zufrieden. Dennoch gibt es im Trainee-Zeugnis verbesserungsbedürftige Stellen.

Flüchtigkeitsfehler oder absichtliche Abwertung?

Wenn Arbeitszeugnisse auf die Schnelle verfasst werden, findet der professionelle Leser eigentlich immer Flüchtigkeitsfehler. So auch hier: Im zweiten Absatz fehlt im Wort »Beratugserfahrungen« der Buchstabe »n und das Wort »Ausendienst« ist fälschlicherweise mit »s« statt mit »ß« geschrieben, und im vierten Absatz steht »nahme« statt richtigerweise nahm«. Trotz der Länge des Zeugnisses sind diese drei Rechtschreibfehler natürlich ärgerlich, da nicht klar wird, ob hier eine versteckte Abwertung zwischen den Zeilen deutlich werden soll oder ob es der Zeugnisaussteller einfach zu eilig hatte.

Die Aufgabenbeschreibung geht nicht in die Tiefe

Das Trainee-Programm von Herrn Weber war in drei Ausbildungsabschnitte unterteilt, also umfangreich angelegt. Leider wird schon der erste Abschnitt mit einem Satz »Dort durchlief er einen zwölfmonatigen Vertretereinsatz, um Beratugserfahrungen zu sammeln sowie eigenständige Akquisition zu betreiben« etwas zu kurz abgehandelt. Das Wort Vertreter klingt abwertend, und der Ausdruck »Dort durchlief er« klingt viel zu passiv. Man denkt an einen Durchlauferhitzer, der auf Knopfdruck seinen Dienst verrichtet, aber nicht an einen eigenständig arbeitenden Finanzberater. Auch der zweite Ausbildungsabschnitt wird merkwürdig dargestellt: War er ganze vier Monate lang nur mit der »Planung von Seminaren für den Ausendienst« beschäftigt? Glücklicherweise gibt es in der Beschreibung des letzten Ausbildungsabschnittes mehr Informationen, aber auch dort könnte präziser ausgeführt werden, was unter der »Betreuung der Außendienstmitarbeiter in Personalfragen« nun genau zu verstehen ist.

Ist hier »gut« oder »stets gut« gemeint?

Die einzelnen Leistungsbeurteilungen sind oberflächlich und klingen, als ob sie auf jeden Trainee gleich gut – oder gleich schlecht – passen würden. Individuelle Formulierungen fehlen. Problematisch ist auch die zusammenfassende Leistungsbeurteilung: Hier heißt es zwar »Er erfüllte die ihm übertragenen Aufgaben gut«, und höchstwahrscheinlich hat der Zeugnisaussteller auch wirklich die Note gut gemeint – dann hätte er aber »stets gut« schreiben müssen. Ohne den Zusatz »stets« (oder »immer«, »jederzeit« oder »durchgehend«) bedeutet gut in der Zeugnissprache leider nur befriedigend.

Zeugnis

Herr Nicolas Weber, geb. am 3. Juni 1993 in Cottbus, war vom 1. Oktober 2017 bis zum 31. Juli 2019 als Führungsnachwuchskraft (Trainee) in unserem Unternehmen tätig. Diese maximal 24 Monate dauernde Ausbildung dient der Vorbereitung auf die Tätigkeit eines Geschäftsstellenleiters.

Die erste Phase der Trainee-Ausbildung absolvierte Herr Weber in der Geschäftsstelle Hamburg-Süd. Dort arbeitete er zwölf Monate im Außendienst, um Beratungserfahrungen zu sammeln und Produkt- und Verkaufswissen zu erwerben sowie eigenständige Akquisition zu betreiben.

In der zweiten Phase war Herr Weber im Rahmen einer Hospitanz in der Geschäftsstelle Hamburg-West tätig. Schwerpunkt seiner viermonatigen Tätigkeit war dort die Organisation, Planung und Durchführung von Seminaren, um Außendienstmitarbeiter über neue Produkte zu informieren und verkäuferisch zu schulen.

Die letzte Phase der Ausbildung beinhaltete Hospitanzen bei Führungskräften im Außendienst. Herr Weber arbeitete sechs Monate lang insgesamt vier Führungskräften in den Geschäftsstellen Hamburg-Nord, Hamburg-West und Hamburg-Süd zu. Als Aufgaben anzuführen sind hierbei im Wesentlichen die Planung von Umsätzen, Verkaufsförderungsaktivitäten und Verkaufsschulungsmaßnahmen. Hinzu kam die Betreuung der Außendienstmitarbeiter in Personalfragen. Dazu zählten das Personalmarketing auf Firmenkontakttagen in Universitäten, die Personalauswahl, die Einstellung und Einarbeitung neuer Mitarbeiter bis hin zur Vorbereitung von Entscheidungen über Kündigungen.

Herr Weber nahm alle Ausbildungsabschnitte mit großem Engagement wahr und entwickelte viel Eigeninitiative bei der Erfüllung seiner Aufgaben. Er ist ausdauernd und belastbar. Herr Weber verfügt über gute Fach- und Produktkenntnisse. Er arbeitet zielorientiert und selbstständig, zuverlässig und verantwortungsbewusst. Seine Arbeitsergebnisse lagen stets weit über den gestellten Anforderungen. Besonders hervorheben wollen wir seine Eigenschaft, mit Außendienstmitarbeitern schnell Kontakte aufzubauen und auf dieser Basis vertrauensvoll und konstruktiv zusammenzuarbeiten. Herrn Weber gelang es so, die volle Akzeptanz und das Vertrauen der Mitarbeiter zu erreichen. Insgesamt erfüllte Herr Weber die ihm übertragenen Aufgaben stets zu unserer vollen Zufriedenheit.

Das Verhalten von Herrn Weber gegenüber Vorgesetzten, Ausbildern, Kollegen und Kunden war stets gut. Wir heben seine verbindliche, aufgeschlossene und freundliche Art hervor.

Nach Abschluss seiner Ausbildung wurde Herr Weber mit Wirkung zum 1. August 2019 als Leiter der Geschäftsstelle Lüneburg innerhalb der Direktion Nord IV eingesetzt. Wir wünschen Herrn Weber für seine

→ FORTSETZUNG AUF DER NÄCHSTEN SEITE

neue Aufgabe weiterhin viel Erfolg und hoffen auf eine lang anhaltende und weiterhin gute Zusammenarbeit.

Hamburg, 1. August 2019

Versicherungs AG

H. R. Müller
Direktionsleiter Nord IV

Diese Zeugnisversion macht schon formal einen viel besseren Eindruck. Die Rechtschreibfehler aus der ersten Version des Zeugnisses sind verbessert worden, ebenso wie ein weiterer formaler Punkt: In der vorherigen Version wurde nämlich nur das Eintrittsdatum für das Trainee-Programm erwähnt, nicht aber das Beendigungsdatum. Herr Weber hat sein Trainee-Programm aber schon vorzeitig erfolgreich beendet, nämlich nach nur 22 Monaten. Diesen Pluspunkt kann ein Personalprofi bei dem neuen Zeugnis nun schon auf den ersten Blick erkennen.

Die umfangreiche und anspruchsvolle Ausbildung wird ersichtlich

In den einzelnen Absätzen zu den drei Ausbildungsabschnitten wird der Erfahrungsschatz von Herrn Weber nun viel umfassender dargestellt. So hat er im ersten Ausbildungsabschnitt nicht mehr bloß als Vertreter gearbeitet, sondern »im Außendienst Beratungserfahrungen gesammelt« und auch »Produkt- und Verkaufswissen« erworben. Auch das Missverständnis mit der »Planung von Seminaren« ist nun geklärt: Der Trainee hat nicht etwa vier Monate lang nur Seminare geplant, sondern war für die »Organisation, Planung und Durchführung von Seminaren« verantwortlich, um die »Außendienstmitarbeiter zu informieren und verkäuferisch zu schulen«. Da überrascht es nicht mehr, dass nun auch der geschilderte dritte Ausbildungsabschnitt deutlich mehr Informationen hergibt. So wird die knappe Beschreibung »Betreuung ... in Personalfragen« wesentlich umfassender dargelegt: »Dazu zählten das Personalmarketing auf Firmenkontakttagen in Universitäten, die Personalauswahl, die Einstellung und Einarbeitung neuer Mitarbeiter bis hin zur Vorbereitung von Entscheidungen über Kündigungen«. Insgesamt wird so das anspruchsvolle Tätigkeitsfeld eines Geschäftsführers einer Versicherungsfiliale optimal nachgezeichnet. Herr Weber ist bei der Versicherungs AG definitiv gut ausgebildet worden.

Die persönlichen Leistungsbewertungen qualifizieren bestens für eine Führungsposition

Die einzelnen Leistungsbeurteilungen sind nun viel individueller gestaltet, nicht zuletzt dank des Satzes »Besonders hervorheben wollen wir seine Eigenschaft, mit Außendienstmitarbeitern schnell Kontakte aufzubauen und auf dieser Basis vertrauensvoll und konstruktiv zusammenzuarbeiten«. Hier werden nämlich die besonderen Führungserfahrungen und Führungserfolge von Nicolas Weber genauer beschrieben. Das ist für ihn außerordentlich wichtig, da er sich auch in Zukunft in erster Linie um Führungspositionen bewerben wird. Neben diesen besonderen Erfolgen werden aber noch weitere relevante Eigenschaften genannt: So ist jetzt neben seiner »Eigeninitiative« auch davon die Rede, dass er »ausdauernd und belastbar« ist und dass er »die volle Akzeptanz und das Vertrauen der Mitarbeiter« erreichte. Insgesamt fallen die Leistungsbeurteilungen ausführlicher und auch besser aus, denn in der abschließenden Beurteilung fällt das wichtige Wort stets, das in diesem Fall die Note gut ausdrückt: »Insgesamt erfüllte Herr Weber die ihm übertragenen Aufgaben stets zu unserer vollen Zufriedenheit«.

Die Bewertung des Sozialverhaltens von Herrn Weber war bereits in der misslungenen Version positiv, denn sein »Verhalten gegenüber Vorgesetzten, Ausbildern, Kollegen und Kunden war stets gut«. Der zweite Satz aus diesem Block ist jedoch durch einen kleinen, aber feinen Unterschied deutlich verbessert worden. Hier hieß es in der ersten Version noch, dass ihm »seine freundliche, aufgeschlossene und verbindliche Art Sympathien« einbrachte - wobei gleichzeitig mitklingt, dass er mit seiner Art auch genauso häufig aneckte. Im neuen Zeugnis hingegen wird umgekehrt »seine verbindliche, aufgeschlossene und freundliche Art« hervorgehoben. Bei diesem Urteil schwingen diesmal keine negativen Konnotationen mit.

»Weiterhin Erfolg« bedeutet ein auch bis dahin erfolgreiches Arbeiten

Der letzte Absatz des Zeugnisses ist wiederum fast identisch mit der vorherigen Version, allerdings wird ihm diesmal statt »Glück« nun »weiterhin viel Erfolg« gewünscht. Damit ist auch der letzte Stolperstein im Trainee-Zeugnis entfernt, denn damit wird ihm bescheinigt, dass seine Arbeit auch bislang erfolgreich war.

Ein tolles, weil aussagekräftiges und mit durchgängig guten Bewertungen versehenes Trainee-Zeugnis. Das umfassende berufliche Profil von Herrn Weber wird deutlich, und man kann seine überdurchschnittliche Leistungsorientierung klar erkennen. Mit diesem Karrierebaustein wird Nicolas Weber bei künftigen Bewerbungen punkten. Glückwunsch!

Beispiel 32: Ausbildungszeugnis (kaufmännisch)

AUSBILDUNGZEUGNIS

Frau Katharina Kraft, geboren am 15. September1999 in Mannheim, hat die am 01. September 2016 bei uns begonnene Ausbildung zur Bankkauffrau mit gutem Erfolg bestanden.

Frau Kraft wurde in den drei Jahren ihrer Ausbildung in allen Abteilungen unseres Hauses nach den Bestimmungen der »Verordnung über die Berufsausbildung zum Bankkaufmann/zur Bankkauffrau« ausgebildet.

Frau Kraft hat sich während der Ausbildungszeit mit großem Interesse die erforderlichen Kenntnisse und Fähigkeiten angeeignet. Ihr übertragene Tätigkeiten hat sie stets zu unserer vollen Zufriedenheit erledigt.

Ihr persönliches Verhalten war stets einwandfrei. Nach bestandener Prüfung haben wir Frau Kraft in das Angestelltenverhältnis übernommen.

Mannheim, 28. Juni 2019

Bank eG

Karl-Heinz Götze
Vorstand

Das Anfertigen von Ausbildungszeugnissen gehört gerade in den Firmen, die in hoher Zahl ausbilden, zu den ungeliebten Pflichtaufgaben. Daher verwundert es nicht, wenn bei der Zeugnisausstellung auf alte Vorlagen im Computer zurückgegriffen wird. Dabei kann es aber passieren, dass die persönlichen Stärken und das individuelle berufliche Profil der beurteilten Auszubildenden untergehen. So ist es auch der Auszubildenden Frau Katharina Kraft ergangen, die ihre Ausbildung zur Bankkauffrau erfolgreich abgeschlossen hat.

Fehler zulasten der Auszubildenden

Gerade wenn es mit dem Abfassen des Zeugnisses schnell gehen soll, schleichen sich oft Flüchtigkeitsfehler ein. Wenn man die Überschrift noch einmal genau liest, stellt man fest, dass der Buchstabe »s« im Wort »Ausbildungzeugnis« fehlt. Einmal auf die Fährte gebracht, sucht der professionelle Leser nach weiteren formalen Fehlern und wird direkt beim Geburts- und beim Eintrittsdatum fündig: Beim Geburtsdatum »15. September 1995« fehlt eine Leerstelle zwischen Monats- und Jahresangabe, beim Eintrittsdatum »01. September 2011« ist dafür eine Leerstelle zu viel zwischen Tag und Monat. Jetzt beginnt das große Grübeln: Will hier die Bank zwischen den Zeilen mitteilen, dass sie mit der Auszubildenden nicht zufrieden war? Oder handelt es sich einfach um Flüchtigkeitsfehler? In beiden Fällen gehen diese Überlegungen erst einmal zulasten der Auszubildenden.

Allerweltsprofil statt persönlicher Angaben

Bei der Aufgabenbeschreibung hat sich der Zeugnisaussteller überhaupt keine Mühe gegeben. Wenn es nur heißt »Frau Kraft wurde ... nach den Bestimmungen der ›Verordnung über die Berufsausbildung zum Bankkaufmann/zur Bankkauffrau‹ ausgebildet«, ist das deutlich zu wenig. Rein formal mag diese Angabe in Ordnung sein, aber welche Bankkauffrau beziehungsweise welcher Bankkaufmann wurde nicht nach dieser Bestimmung ausgebildet? Damit hat Frau Kraft ein Allerweltsprofil im Ausbildungszeugnis stehen. Das wird einen zukünftigen Stellenwechsel sicherlich nicht erleichtern.

Interesse bedeutet in Zeugnissen meist nichts Gutes

Die einzelnen Leistungsbeurteilungen bestehen nur aus dem Satz »Frau Kraft hat sich während der Ausbildungszeit mit großem Interesse die erforderlichen Kenntnisse und Fähigkeiten angeeignet«. Eigentlich ist diese Aussage in Ordnung, aber die Floskel mit großem Interesse ist in Zeugnissen immer problematisch, da sie im Allgemeinen mit »war interessiert, aber hat nichts hinbekommen «übersetzt wird. Glücklicherweise entspricht wenigstens die zusammenfassende Leistungsbeurteilung »Ihr übertragene Tätigkeiten hat sie stets zu unserer vollen Zufriedenheit erledigt« der Note gut.

Auch wenn die zusammenfassende Leistungsbeurteilung gut ausfällt, bleibt doch ein ungutes Gefühl bei der Auswertung dieses Ausbildungszeugnisses zurück. Es sind einfach zu viele Flüchtigkeitsfehler enthalten, und auch das Allerweltsprofil wird es Frau Kraft bei der weiteren beruflichen Entwicklung unnötig schwer machen.

AUSBILDUNGSZEUGNIS

Frau Katharina Kraft, geboren am 15. September 1999 in Mannheim, hat die am 01. September 2016 bei uns begonnene Ausbildung zur Bankkauffrau mit der am 28. Juni 2019 vor der Industrie- und Handelskammer Rhein-Neckar in Mannheim mit gutem Erfolg bestandenen Abschlussprüfung beendet.

Frau Kraft wurde in den drei Jahren ihrer Ausbildung in allen Abteilungen unseres Hauses nach den Bestimmungen der »Verordnung über die Berufsausbildung zum Bankkaufmann/zur Bankkauffrau« ausgebildet. Dabei durchlief sie die Abteilungen Privatkunden, Geschäftskunden, Geld- und Kapitalanlage und Private Vorsorge. Mit gutem Erfolg nahm Frau Kraft auch zweimal an einem 14-tägigen Ausbildungskurs des Genossenschaftsverbandes Mannheim teil.

Frau Kraft zeichnete sich durch eine jederzeit hohe Lernbereitschaft aus und war stets gut motiviert. Sie beherrscht alle Fertigkeiten und Kenntnisse einer Bankkauffrau gut. Ihr übertragene Tätigkeiten hat sie stets zu unserer vollen Zufriedenheit erledigt.

Ihr Verhalten gegenüber Vorgesetzten, Ausbildern, Mitarbeitern und Mit-Auszubildenden war stets gut. Auch unsere Kunden bediente sie sehr zuvorkommend und freundlich. Nach bestandener Prüfung haben wir Frau Kraft in das Angestelltenverhältnis übernommen.

Mannheim, 28. Juni 2019

Bank eG

Karl-Heinz Götze
Vorstand

Korrekte Formalien

Der Rechtschreibfehler im »Ausbildungzeugnis« ist nun ausgemerzt, korrekt heißt es jetzt »Ausbildungszeugnis«. Auch die fehlende Leerstelle beim Geburtsdatum ist eingefügt, und beim Eintrittsdatum ist die überflüssige zweite Leerstelle entfernt worden. Ein weiterer grober Schnitzer ist ebenfalls korrigiert: In der misslungenen Version fehlte noch das Prüfungsdatum, und auch die Prüfungsinstitution, die »Industrie- und Handelskammer Rhein-Neckar in Mannheim«, wurde nicht genannt. Beides wurde nun ergänzt.

Die Aufgabenbeschreibung ist jetzt ebenfalls viel aussagekräftiger. Es wird nicht nur allgemein auf die »Verordnung über die Berufsausbildung« hingewiesen, sondern es werden nun zusätzlich die durchlaufenen »Abteilungen Privatkunden, Geschäftskunden, Geld- und Kapitalanlage und Private Vorsorge« genannt. Schließlich gibt es auch Bankkaufleute, die einmal die Branche wechseln möchten, und mit diesem Profil könnte sich Frau Kraft auch bei Versicherungen oder Finanzdienstleistern bewerben – denn sie hat während ihrer Ausbildung nachweisbar auch erste Erfahrungen im Umgang mit Geld- und Kapitalanlagen und der privaten Vorsorge gesammelt. In der Aufgabenbeschreibung taucht aber noch ein echtes Highlight auf: Es wird auf spezielle Ausbildungskurse hingewiesen, die Frau Kraft »mit gutem Erfolg« absolviert hat. Damit dokumentiert sie ihre überdurchschnittliche Lern- und Leistungsbereitschaft, was für das weitere Berufsleben ein echter Trumpf ist.

Zusätzliche Ausbildungskurse als Beleg für die hohe Lernbereitschaft

Die bereits indirekt hervorgehobene hohe Lernbereitschaft wird in den einzelnen Leistungsbeurteilungen noch einmal direkt angesprochen. Zum Glück ist die missverständliche Formulierung »mit großem Interesse« verschwunden. Stattdessen entsprechen nun alle einzelnen Leistungsbeurteilungen, genauso wie die zusammenfassende Beurteilung, der Note gut. Im letzten Absatz wird auch das Sozialverhalten von Frau Kraft ausführlicher gewürdigt. So werden – in der richtigen Reihenfolge – »Vorgesetzte, Ausbilder, Mitarbeiter und Mit-Auszubildende« aufgelistet, gegenüber denen sie sich stets gut verhielt. Der Umgang mit Kunden wird extra mit dem Satz »Auch unsere Kunden bediente sie sehr zuvorkommend und freundlich« beschrieben und dadurch noch zusätzlich betont.

Die Leistungsbeurteilungen entsprechen der Note gut

Die diplomatisch geäußerte Bitte um Überprüfung der Knackpunkte im fehlerhaften Zeugnis hat sich für Frau Kraft gelohnt. Nachdem die Flüchtigkeitsfehler verbessert, Missverständnisse korrigiert und die zusätzlichen Informationen aufgenommen worden sind, ist das Zeugnis nun insgesamt stimmig. Dieses gute Ausbildungszeugnis wird Frau Kraft im weiteren Berufsleben noch häufiger helfen.

Beispiel 33: Ausbildungszeugnis (Handwerk)

Zeugnis

Herr Ingo Matthiesen, geboren am 11. November 1999 in Dortmund, hat die am 01. September 2015 bei uns begonnene Ausbildung zum Tischler, Fachrichtung Laden- und Innenausbau mit der am 22. Februar 2019 vor der Industrie- und Handelskammer Dortmund bestandenen Abschlussprüfung mit gutem Erfolg beendet.

Er wurde in den dreieinhalb Jahren seiner Ausbildung in allen Abteilungen unseres Hauses nach dem Ausbildungsrahmenplan mit den Schwerpunkten Innenausbau und Ladenausbau ausgebildet.

Dabei lernte er das Anfertigen von Plänen und Zeichnungen und das Lesen von technischen Unterlagen. Auch das Herstellen von Innenausbauten nach Plan, beispielsweise Schränken, Tischen und Verkleidungen, wurde ihm vermittelt. Weiter wurde er an den Holzbearbeitungsmaschinen in der Werkstatt ausgebildet. Auch das Anfertigen von Einzelteilen nach Vorgaben durch die Kunden gehörte mit zu seinen Lerninhalten. Ein weiterer Schwerpunkt war die Kundenberatung vor Ort, Herr Matthiesen nahm an zahlreichen Kundengesprächen teil und erstellte im letzten Ausbildungsjahr regelmäßig selbstständig Angebote und Kalkulationen.

Herr Ingo Matthiesen nahm alle Ausbildungsabschnitte mit großem Engagement wahr und entwickelte viel Eigeninitiative bei der Erfüllung seiner Aufgaben. Dank seiner guten Auffassungsgabe und seines hohen Einsatzwillens hat Herr Matthiesen die betrieblichen Zusammenhänge und Erfordernisse in sehr kurzer Zeit erfasst und sich die notwendigen Kenntnisse angeeignet. So konnte er sich schnell nutzbringend bei der Erledigung der Kundenaufträge und Aufgaben einbringen. Er ist ausdauernd und belastbar und arbeitet selbstständig, zuverlässig und verantwortungsbewusst.

Seine übertragenen Tätigkeiten hat er stets zu unserer vollen Zufriedenheit erledigt.

Sein Verhalten gegenüber Vorgesetzten, Ausbildern, Kollegen und Kunden war stets gut. Nach bestandener Prüfung haben wir Herrn Matthiesen in das Angestelltenverhältnis übernommen.

Passau, 30. Juni 2019

Die Tischler GmbH
Hans-Peter Klug
Geschäftsführer

Auch unter Auszubildenden hat sich längst herumgesprochen, dass ein gutes Arbeitszeugnis bei der Arbeitssuche hilfreich ist. Der Tischlergeselle Ingo Matthiesen kann mit seinem Zeugnis überzeugen. Der Aufgabenblock ist ausführlich beschrieben. Dies wird Ingo Matthiesen bei künftigen Bewerbungen helfen, da seine vielfältige Einsetzbarkeit auf diese Weise dokumentiert wird.

In die gleiche Richtung zielt die Bewertung »So konnte er sich schnell nutzbringend bei der Erledigung der Kundenaufträge und Aufgaben einbringen.« Flexible Mitarbeiter, die sich gerne neuen Aufgaben und Herausforderungen stellen, werden schließlich immer gesucht. Dies hat auch der Geschäftsführer der Tischler GmbH erkannt. Deshalb hat er Ingo Matthiesen gleich selbst übernommen. Und dies auch im Zeugnis vermerkt.

Beispiel 34: Praktikantenzeugnis (Studium Technik)

PRAKTIKANTENZEUGNIS

Herr Malte Dentler, geb. am 10.07.1997, war vom 09.08.2018 bis zum 18.09.2018 in unserem Hause als Praktikant beschäftigt.

Hierbei wurde Herr Dentler mit folgenden Tätigkeiten vertraut gemacht:

- Planung einer Versuchsreihe
- Datenerfassung von Versuchen
- Auswertung einer Versuchsreihe

Herr Dentler hat die ihm übertragenen Aufgaben zielstrebig erfüllt. Besonders auffallend sind seine Pünktlichkeit und sein Interesse. Sein Verhalten gegenüber Vorgesetzten war jederzeit einwandfrei.

Wir wünschen Herrn Dentler für die Zukunft alles Gute.

Karlsruhe, 16. August 2019

Maschinenbau GmbH

Dipl.-Ing. Helmut Harder
Abteilung Entwicklung

Praktikumszeugnisse sind für Hochschulabsolventen ein wichtiger Bestandteil der Bewerbungsmappe, die den reibungslosen Übergang von der Hochschule in das Berufsleben erleichtern können - aber nur, wenn sie auch aussagekräftig und gut gelungen sind. Der Student Malte Dentler hat leider nur ein sehr oberflächliches Praktikantenzeugnis erhalten. Zudem enthält das Zeugnis auch noch viele Missverständnisse und Ungereimtheiten. Liegt das vielleicht daran, dass der Zeugnisaussteller, der Diplom-Ingenieur Helmut Harder, mit den Feinheiten der Zeugnissprache nicht vertraut war?

Besondere Betonung der vorbildlichen Kundenorientierung

Mit der Passivformel »war ... in unserem Hause als Praktikant beschäftigt« kommen die ersten Zweifel an der Motivation und den Qualifikationen von Malte Dentler auf, die durch eine zweite Passivform in der Einleitung zur Aufgabenbeschreibung noch verstärkt werden: »Hierbei wurde Herr Dentler mit folgenden

Tätigkeiten vertraut gemacht«. Natürlich müssen Praktikanten erst einmal eingearbeitet werden und lernen, was von ihnen in der Firma erwartet wird. Wenn aber das gesamte Praktikum aus einer Heranführung an (so wenige) Tätigkeiten besteht, fragt man sich doch: War Herr Dentler womöglich ein passiver Praktikant, der seine Zeit einfach abgesessen hat?

Der eigene Gestaltungsspielraum wurde nicht genutzt

Wenn es um die Aufgabenbeschreibung im Arbeitszeugnis geht, haben die Beurteilten eigentlich immer einen Gestaltungsspielraum, den sie aber meist nicht nutzen. Auch Malte Dentler verpasst diese Chance. Die mageren Angaben »Planung einer Versuchsreihe«, »Datenerfassung von Versuchen« und »Auswertung einer Versuchsreihe« klingen weder nach engagierter Mitarbeit noch nach erfolgsorientiertem Arbeiten. Hier werden mehr Fragen aufgeworfen als beantwortet. Was wurde geplant? Welche Daten wurden erhoben? Und was ist bei der Auswertung herausgekommen?

K.-o.-Kriterien: Interesse und Pünktlichkeit

Wenn Arbeitnehmern »Pünktlichkeit« im Zeugnis bestätigt wird, ist das immer als kritisch einzustufen, insbesondere dann, wenn sonst nichts anderes gelobt wird. Bei Herrn Dentler ist es sogar noch schlimmer: Nicht nur die K.-o.-Bewertung »Pünktlichkeit« wird als »besonders auffallend« hervorgehoben, sondern auch noch »sein Interesse«. Insgesamt lassen sich diese Angaben so übersetzen: Er kam pünktlich zur Arbeit, war sehr bemüht und interessiert, leider kam aber nichts Brauchbares dabei heraus. Vielleicht lag dies auch daran, dass er immer überpünktlich nach Hause ging?

Den Schlüssel zu diesem fehlerhaften Zeugnis liefert das Ausstellungsdatum »Karlsruhe, 16. August 2019«. Denn daran wird deutlich: Herr Harder hat das Zeugnis erst ein knappes Jahr nach dem eigentlichen Praktikum ausgestellt. Er wusste einfach nicht mehr, was Malte Dentler überhaupt gemacht hat. Malte Dentler hätte seinem verspäteten Zeugniswunsch einen gelungenen Entwurf beilegen müssen, dann wäre ihm diese Katastrophe erspart geblieben.

PRAKTIKANTENZEUGNIS

Herr Malte Dentler, geb. am 10.07.1997, hat vom 09.08.2018 bis zum 18.09.2018 in unserem Hause ein Praktikum durchgeführt. Er war im Bereich Forschung & Entwicklung tätig.

Nach kurzer Einarbeitungszeit unterstützte Herr Dentler das Abteilungsteam insbesondere bei den folgenden Aufgaben:

- Planung, Organisation und Betreuung einer Versuchsreihe zur Ultrafiltration von Reinigungsmitteln
- Datenerfassung laufender Versuche mit anschließendem Auswerten für Restschmutzbestimmungen, Filtrationsverfahren und Schmiermittel
- Auswertung einer Versuchsreihe zur Partikelzählung

Herr Dentler bewies eine sehr gute Arbeitsmotivation. Er arbeitete sich schnell in das Aufgabengebiet ein und führte seine Tätigkeiten ergebnisorientiert und sorgfältig durch. Besonders hervorzuheben sind seine analytische Arbeitsweise und seine aktuellen Fachkenntnisse, wodurch er stets gute Arbeitsergebnisse erzielte. Insgesamt erledigte Herr Dentler alle ihm übertragenen Aufgaben zu unserer vollsten Zufriedenheit.

Sein Verhalten gegenüber Vorgesetzten, Kollegen und externen Ansprechpartnern war jederzeit einwandfrei. Dank seines freundlichen und aufgeschlossenen Wesens integrierte er sich umgehend in das bestehende Team.

Wir bedanken uns für die gute Zusammenarbeit und wünschen Herrn Dentler für sein Studium und seinen weiteren Berufs- und Lebensweg alles Gute und viel Erfolg.

Karlsruhe, 16. September 2018

Maschinenbau GmbH

Dipl.-Ing. Helmut Harder
Abteilungsleiter Entwicklung

Die schnelle Auffassungsgabe wird implizit gelobt

Die überarbeitete Version des Praktikumszeugnisses kann überzeugen. Schon im Einleitungsabsatz werden wichtige Weichenstellungen vorgenommen. So wird nun die positive Formel »war … tätig« verwendet und der Bereich genannt, in dem Malte Dentler eingesetzt war, nämlich der »Bereich Forschung & Entwicklung«. Ganz anders auch die Einleitung zur Aufgabenbeschreibung: Hier taucht bereits die erste positive

Bewertung auf, denn es heißt »Nach kurzer Einarbeitungszeit unterstützte Herr Dentler das Abteilungsteam insbesondere bei den folgenden Aufgaben«. Durch diese Formulierung wird die schnelle Auffassungsgabe von Malte Dentler hervorgehoben.

Nicht nur in der Theorie, sondern auch in der Praxis gut

Die mageren Worte der misslungenen Aufgabenbeschreibung haben einer umfassenden und gelungenen Darstellung Platz gemacht. Statt einfach nur »Planung einer Versuchsreihe« heißt es nun »Planung, Organisation und Betreuung einer Versuchsreihe zur Ultrafiltration von Reinigungsmitteln«. Auch aus der oberflächlichen »Datenerfassung von Versuchen« wurde die »Datenerfassung laufender Versuche mit anschließendem Auswerten für Restschmutzbestimmungen, Filtrationsverfahren und Schmiermittel«. Damit empfiehlt sich Malte Dentler künftigen Arbeitgebern als voll und ganz praxistauglich. Er macht deutlich, dass er nicht nur an der Uni, sondern auch im Berufsalltag mit den gestellten Anforderungen gut zurechtkommt.

Statt die in der Zeugnissprache negativ besetzten Eigenschaften »Pünktlichkeit« und »Interesse« hervorzuheben, haben die einzelnen Leistungsbeurteilungen nun eine ganz andere Ausrichtung. Es ist die Rede von der »sehr guten Arbeitsmotivation« Malte Dentlers und von seinem »ergebnisorientierten und sorgfältigen« Arbeitsstil. Ausdrücklich gelobt werden sogar »seine analytische Arbeitsweise und seine aktuellen Fachkenntnisse«.

Dieser gute Stil setzt sich im Absatz zum Sozialverhalten fort. Als weiterer Pluspunkt wird das »freundliche und aufgeschlossene Wesen« von Herrn Dentler beschrieben. Auch an seiner Fähigkeit zur Teamarbeit bestehen damit keine Zweifel mehr. Das Zeugnis endet mit den guten Wünschen »für sein Studium und seinen weiteren Berufs- und Lebensweg«, und im Gegensatz zum misslungenen Zeugnis wünscht Herr Harder ihm jetzt auch »viel Erfolg« für die Zukunft.

Eigener Entwurf – das Zeugnis als Arbeitsprobe

Die überarbeitete Version zeigt: Auch aus Praktikumszeugnissen lässt sich mit gründlicher Vorarbeit deutlich mehr herausholen. Die Pflicht zur Vorarbeit liegt aber meist bei den Praktikanten. Für Studierende sind also nicht nur die Praktika, sondern auch die daraus resultierenden Zeugnisse echte Arbeitsproben - und diese Arbeitsproben sollten durchaus ernst genommen werden!

Beispiel 35: Praktikantenzeugnis (Studium Wirtschaft)

Praktikantenzeugnis

Frau Claudia Meyer, geboren am 26. August 1997 in Berlin, hat in der Zeit vom 01. August 2019 bis 31. August 2019 ein Praktikum bei der Banken AG absolviert. Einsatzort war die Stabsstelle Marketing.

Frau Meyer unterstützte das Abteilungsteam insbesondere bei der Erledigung folgender Aufgaben:

- Ausarbeitung von Reports im Bereich Marktentwicklung und Wettbewerberanalyse
- Mitarbeit an einem Produktrelaunch im Bereich Anlage
- Mitarbeit an einer Kundenzufriedenheitsanalyse
- Dokumentation der Arbeitsergebnisse
- Erstellung von PowerPoint-Präsentationen

Frau Meyer arbeitete sich in kürzester Zeit sicher in das Aufgabengebiet ein und bewies eine sehr gute Arbeitsmotivation. Dabei überzeugte sie mit ihrer analytischen und zuverlässigen Arbeitsweise und ihren Fachkenntnissen. Sie war in der Aufgaben- und Problemanalyse ebenso stark wie in der Ausarbeitung und Vorbereitung von Lösungen. Insgesamt erledigte sie die ihr übertragenen Aufgaben stets zu unserer vollen Zufriedenheit.

Ihr Verhalten gegenüber Vorgesetzten und Kollegen war jederzeit einwandfrei. Dank ihres freundlichen und kooperativen Wesens integrierte sie sich sehr schnell in das Abteilungsteam.

Wir bedanken uns für die sehr gute Zusammenarbeit und wünschen Frau Meyer für ihr Studium und ihren weiteren Berufs- und Lebensweg alles Gute und viel Erfolg.

Berlin, 31. August 2019

Banken AG

Lea-Merle Langer
Abteilungsleiterin Marketing

Linda Schnell
Personalleiterin

Praktikantenzeugnisse von Studierenden sind eindeutig zu knapp, wenn sie nur Namen, Geburtstag und Beschäftigungsdauer der Praktikanten enthalten. Andererseits sollten Praktikantenzeugnisse auch nicht zu umfangreich ausfallen, schließlich umfasst die Beschäftigungsdauer üblicherweise nur einige Wochen.

Mit ihrem Praktikumszeugnis schlägt Frau Claudia Meyer den richtigen Mittelweg ein. Ihr Aufgabenfeld wird ausreichend beschrieben, ihre Zuverlässigkeit und Fähigkeit zur klaren Problemanalyse werden betont. An dieser Stelle geht es im Zeugnis sogar noch weiter, schließlich wird hervorgehoben, dass Frau Meyer »in der Aufgaben- und Problemanalyse ebenso stark wie in der Ausarbeitung und Vorbereitung von Lösungen war«.

Mit diesem Top-Zeugnis empfiehlt sich Frau Meyer künftigen Arbeitgebern als engagierte Mitarbeiterin und echte Problemlöserin, Gratulation!

5. Tipps zum Verfassen Ihres eigenen Arbeitszeugnisses

Nach den zahlreichen Beispielen der vorherigen Seiten sind nun Sie an der Reihe. Da das Verfassen von Arbeitszeugnissen zu den ungeliebten Führungsaufgaben gehört, kommt es immer häufiger vor, dass Mitarbeiter aufgefordert werden, ihr Zeugnis selbst zu schreiben oder zumindest einen Entwurf zu liefern. Sie sollten sich eine solche Chance, Ihre eigene berufliche Zukunft zu gestalten, auf keinen Fall entgehen lassen. Investieren Sie also ein wenig Zeit, und das Ergebnis wird sich sehen lassen können!

Behalten Sie Ihre Aufgaben im Blick

Besonders wichtig ist es, die Aufgabenbeschreibung umfassend und aussagekräftig zu gestalten. Leider werden häufig mit zu knappen Angaben zu wenige Aufgaben geschildert. Es sollten aber tatsächlich alle Aufgaben auftauchen, also auch die, die Sie in Ihrer Stelle bereits vor längerer Zeit ausgeübt haben sowie natürlich Sonderaufgaben und Projektarbeiten. Da die Aufgabenbeschreibung der Kern des Arbeitszeugnisses ist, finden Sie im nächsten Kapitel weitere Tipps, um diesen Block so präzise wie möglich zu gestalten.

Achten Sie auf gute Bewertungen der Leistungen

Nachdem Sie Ihre Aufgaben dargestellt haben, kommt die Leistungsbewertung. Das geschieht in mehreren Unterpunkten: Achten Sie darauf, dass Sie Ihre Arbeitsmotivation, Ihre Arbeitsbefähigung, Ihr Fachwissen samt Weiterbildung, Ihre Arbeitsweise sowie Ihre Arbeitserfolge beschreiben und bewerten. Die zusammenfassende Leistungsbeurteilung muss dann natürlich den einzelnen Leistungsbeurteilungen entsprechen. Es spricht nichts dagegen, sich grundsätzlich im guten Bereich (Note 2) zu bewegen. Und vergessen Sie abschließend nicht, Ihr Verhalten gegenüber Vorgesetzten, Kollegen und Kunden – also das Sozialverhalten – ebenfalls als gut zu bewerten.

Es zählt der Gesamteindruck

Arbeitszeugnisse werden immer im Gesamteindruck bewertet. Damit dieser überzeugt, müssen Sie viele Details beachten. Es beginnt mit der Einleitung, die aktiv formuliert sein sollte (»war für uns tätig«). Vermeiden Sie »Nicht-Formulierungen«, da damit generell Verhaltensweisen kritisiert werden, denen das Wort »nicht« vorangestellt ist. Auch Rechtschreibfehler dürfen nicht im Zeugnis enthalten sein, da Personalprofis daraus eine Geringschätzung Ihrer Person und Ihrer Arbeitsleistung folgern würden. Am Schluss sollte man Ihnen für Ihre Mitarbeit danken, Ihren Weggang bedauern und Ihnen für die Zukunft alles Gute wünschen.

Checkliste für Ihr eigenes Arbeitszeugnis

CHECKLISTE

- ◯ Ist die Einleitungsformel aktiv (»war für unser Unternehmen tätig«)?
- ◯ Haben Sie eine aussagekräftige Aufgabenbeschreibung erstellt?
- ◯ Ist die Aufgabenbeschreibung umfangreich genug?
- ◯ Tauchen in der Aufgabenbeschreibung auch Sonderaufgaben und Projekte auf?
- ◯ Sind die einzelnen Leistungsbeurteilungen (Arbeitsmotivation, Arbeitsbefähigung, Fachwissen und Weiterbildung, Arbeitsweise und Arbeitserfolg) aufgeführt?
- ◯ Sind die Bewertungen der einzelnen Leistungsbeurteilungen übereinstimmend mit der zusammenfassenden Leistungsbeurteilung?
- ◯ Sind die einzelnen Leistungsbeurteilungen im Verhältnis zueinander im Wesentlichen gleich bewertet?
- ◯ Gibt es herausragende Erfolge, die Sie in der Leistungsbeurteilung aufführen sollten?
- ◯ Ist sowohl das interne Sozialverhalten gegenüber Vorgesetzten und Kollegen als auch das externe gegenüber Kunden beschrieben und bewertet?
- ◯ Enthält der Entwurf keine missverständlichen Formulierungen?

→ FORTSETZUNG AUF DER NÄCHSTEN SEITE

- ◯ Ist der Entwurf frei von abwertenden »Nicht-Formulierungen« (»nicht zu tadeln, nicht zu beanstanden, nicht zu kritisieren«)?
- ◯ Sind die einzelnen Bewertungen häufig genug mit Wörtern wie »stets«, »jederzeit« oder »immer« versehen?
- ◯ Ist der Entwurf ohne Rechtschreibfehler?
- ◯ Ist die Schlussformulierung korrekt und positiv formuliert?
- ◯ Taucht in der Schlussformulierung der Kündigungsgrund auf?
- ◯ Haben Sie eine Dankes-Bedauerns-Formel in die Schlussformulierung eingefügt?
- ◯ Enthält die Schlussformulierung Zukunftswünsche?
- ◯ Entsprechen die Bewertungen im Zeugnis früheren Zwischenzeugnissen (konstante Leistungen)?
- ◯ Können Sie die einzelnen Formulierungen des Entwurfs gegenüber Ihrem Vorgesetzten und der Personalabteilung mit konkreten Beispielen aus Ihrer täglichen Berufspraxis belegen?
- ◯ Gehen Sie im Gespräch mit dem Vorgesetzten und der Personalabteilung taktisch vor: Haben Sie eine bis zwei zu gute Bewertungen im Entwurf eingestreut, auf die Sie im Zweifelsfall verzichten können?

6. Die Aufgabenbeschreibung – der Kern Ihres Arbeitszeugnisses

Bei der Aufgabenbeschreibung lohnt sich Ihr Einsatz besonders – schließlich wissen Sie selbst am besten, was Sie gemacht haben. Daher müssen Sie hier auch selten mit Einwänden vonseiten der Firma rechnen. Nehmen Sie sich für Ihre Aufgabenbeschreibung Zeit, denn wenn sie überzeugt, ist der erste wichtige Schritt auf dem Weg zum perfekten Arbeitszeugnis bereits gelungen.

Vorsicht bei zu knappen Angaben!

Wir erleben in unserer Beratungspraxis immer wieder, dass Aufgabenbeschreibungen zu knapp und zu lieblos verfasst werden. Wenn es beispielsweise heißt »Seine Aufgaben umfassten im Einzelnen: Schulungsmaßnahmen, Messen und Direktmarketing«, dann bleibt vieles unklar, und wichtige Details gehen unter. Besser wäre diese Formulierung: »Seine Aufgaben umfassten im Einzelnen: die Entwicklung und Durchführung von Schulungsmaßnahmen, die Organisation von Messeauftritten mit den dazugehörigen Kundengesprächen und Nachfassaktionen, die Entwicklung von Direktmarketingmaßnahmen inklusive Erfolgskontrolle«. Werden Sie also präzise. Anregungen für die Ausformulierung Ihrer Aufgabenbeschreibung finden Sie in Ihrer Stellenbeschreibung im Arbeitsvertrag oder in Stellenanzeigen.

Nennen Sie nicht nur die aktuellen Aufgaben

Gerade wenn man schon mehrere Jahre lang für eine Firma arbeitet, kommt es regelmäßig vor, dass nur die aktuellen Aufgaben im Arbeitszeugnis auftauchen. Je umfangreicher Ihr Profil in der Aufgabenbeschreibung ist, desto besser sind Ihre Chancen auf dem Arbeitsmarkt. Sie sollten sich etwas Zeit nehmen und genau überlegen, welche Aufgaben Sie früher ausgeübt haben - offizielle und inoffizielle Kollegenvertretungen wegen Krankheit, Urlaub oder Besetzungssperre, Sonderprojekte, Arbeitsgruppen oder Schulungsmaßnahmen.

Auf die Gewichtung kommt es an

Für Arbeitszeugnisse gilt grundsätzlich die Regel, dass wichtige Dinge in der Aufzählung ganz vorne auftauchen müssen. Die Formulierung »Zu seinen Aufgaben gehörte die Organisation von Betriebsfesten, das Einkaufen von Büromaterialien und die

Betreuung von Kunden« würde übersetzt deshalb bedeuten: »Er hat nur Partys gerne organisiert, war gerade noch für den Einkauf von Papier und Stiften zu gebrauchen und in der Betreuung von Kunden überhaupt nicht einsetzbar«. Solche drastischen Umstellungen tauchen in Aufgabenbeschreibungen glücklicherweise nur selten auf. Dagegen kommt es aber regelmäßig vor, dass unwichtigere Aufgaben oder Nebentätigkeiten zu früh aufgeführt werden. Sorgen Sie dafür, dass es nicht zu Missverständnissen kommt, und kontrollieren Sie deshalb, ob die wichtigsten Tätigkeiten Ihrer Stelle gleich zu Anfang genannt werden.

Orientieren Sie sich bei der Kontrolle, Überarbeitung oder Ausarbeitung Ihrer Aufgabenbeschreibung an den vollständig dargestellten Negativ- und Positivbeispielen für Arbeitszeugnisse. Dann sehen Sie auf einen Blick, wie eine überzeugende und aussagekräftige Darstellung von Arbeitsaufgaben im Zeugnis aussehen sollte.

Weitere Anregungen liefern Ihnen die folgenden Beispiele für ausgeübte Tätigkeiten in speziellen Berufsfeldern.

Aufgabenbeschreibung

Aufgabenbeschreibung Online-Marketing

→ Erstellung und Implementierung von Online-Marketingkonzepten
→ Proaktive Einbindung relevanter Unternehmensprozesse in die Online-Marketingstrategien
→ Planung, Durchführung und Abwicklung von Sponsoring- und Spendenaktivitäten
→ Entwicklung und Umsetzung von umfassenden Schulungen
→ Controlling und Verantwortung des SEM-Budgets
→ Erstellung interner Reports zu Kundenwachstum und Rentabilität
→ Betreuung und Weiterentwicklung des Agenturnetzwerks sowie Umsetzung und Steuerung von Online-Kampagnen
→ Ad-Words-Consulting für Marketing-Agenturen und Abstimmung und Austausch mit Google

Aufgabenbeschreibung Vertrieb

→ Technische Beratung von nationalen und internationalen Bestands- und Neukunden in Bezug auf Produktanforderungen und Maschinentechnologien
→ Auf- und Ausbau von Kundenbeziehungen einschließlich Bewertung von Kundenanfragen
→ Präsentation des Produktbereiches hinsichtlich Programm, Pricing, Neuheiten und Kundennutzen
→ Verantwortliche Entwicklung von Vertriebs- und Marketingkonzepten sowie zentrale Vertriebsunterstützung
→ Operative Verantwortung für Kalkulationsrichtlinien, Abrechnungssteuerung und das Forderungsmanagement
→ Verantwortung für das Vertriebsteam einschließlich Weiterentwicklung der Potenziale
→ Führen von Auftragsverhandlungen
→ Fachliche und personelle Führung des Vertriebsinnendienstes und der externen Kundencenter

Aufgabenbeschreibung Finanzen

→ Weiterentwicklung der internen Finanz-, Reporting- und Controllingprozesse
→ Implementierung eines leistungsstarken Managementreportings
→ Kontinuierliche Optimierung der unternehmensweiten Reporting- und Accounting-Prozesse
→ Verantwortlich für Unternehmensplanung, Budgetierung, Forecasts und Produktivitätsanalysen
→ Verantwortung für das Monitoring der Ergebnis- und Kostenentwicklung einschließlich Abschlussanalysen und Soll-Ist-Vergleichen
→ Reporting an die Geschäftsleitung der operativen Einheiten und die Gesellschafter
→ Betreuung und Beratung mehrerer Tochtergesellschaften
→ Optimierung und Einführung neuer Reporting- und Controlling-Tools

Aufgabenbeschreibung Controlling

→ Weiterentwicklung von Controlling-Tools
→ Konzeptionelle Planung auf strategischer und operativer Ebene

- → Mitarbeit bei und Koordination von Planungsaufgaben
- → Unterstützung bei der Erstellung von Deckungsbeitragsrechnungen
- → Steuerung des Produktentwicklungs-Controlling
- → Mitarbeit in unternehmensübergreifenden Projektgruppen zur Weiterentwicklung der Controlling-Methoden, -Prozesse und -Tools
- → Inhaltliche Weiterentwicklung der Controlling-Abteilung
- → Kalkulation und Nachverfolgung von Sonderprojekten zur Produktivitätssteigerung

Aufgabenbeschreibung Einkauf

- → Eigenverantwortliche Ausschreibung, Gestaltung und Vergabe von Rahmenverträgen für und an die Logistik-Dienstleister
- → Koordination und Kontrolle von Vertragsbestimmungen, Kosten- und Terminvorgaben
- → Erkennen und Nutzen von Verbesserungs- und Einsparpotenzialen
- → Kontinuierliche Verbesserung der Einkaufsprozesse hinsichtlich Lieferperformance und Liefertreue
- → Optimierung der Lieferketten
- → Koordination und Steuerung der gesamten Einkaufsprozesse (Verträge, Einkauf, Transport, Zahlung)
- → Weltweites Sourcing und Akquise von Lieferanten für den strategischen Einkauf

Aufgabenbeschreibung Personal/HR

- → Unterstützung der Mitarbeiter während der gesamten Laufzeit im Unternehmen
- → Kompetente Beratung der Mitarbeiter in Belangen der personalrelevanten Fragen
- → Unterstützung bei der Weiterentwicklung von Personalentwicklungsmöglichkeiten
- → Implementierung moderner PE-Instrumente und -Prozesse
- → Repräsentation des Unternehmens auf Jobmessen und anderen externen Veranstaltungen
- → Schnittstelle zu den regionalen Führungskräften sowie zu den zentralen Fachabteilungen

- Bedarfsorientierte Planung, Konzeption, Organisation sowie Administration von Weiterbildungs- und Personalentwicklungsmaßnahmen

Aufgabenbeschreibung Technischer Vertrieb

- Erstellung, Kalkulation und Verhandlung von Angeboten für Service-Leistungen, Reparaturen und Wartungen
- Akquisition und Betreuung von Neu- und Bestandskunden
- Beratung von Objekten bei Ingenieur- und Architekturbüros sowie Behörden und Kommunen
- Vorbereitung von Angeboten und Projekten mit Nachverfolgung bis zum Verkaufsabschluss
- Vertrieb, Beratung und Präsentation von erklärungsbedürftigen, technischen Produkten
- Beobachtung der Marktentwicklung und kontinuierliche Marktrecherche
- Erfassung und Erkennen der Anforderungen bei Kundenapplikationen und Lieferung entsprechender Lösungsansätze

Aufgabenbeschreibung Projektmanager/-in

- Fachliche Führung von funktionsübergreifenden Projektteams
- Erstellung und Überwachung des Projekt-, Termin- und Kostenplans
- Planung und Überwachung der Projektressourcen
- Organisation und Durchführung von Regelmeetings mit den Kundenentwicklungsteams
- Organisation und Durchführung von internen Projekt-Reviews
- Realisierung von Projekt- und Kostenoptimierungen
- Organisation und Koordination von internationalen Projekten
- Planung und Kontrolle von Terminen, Meilensteinen und Ressourcen
- Projektsteuerung über alle Phasen bis hin zum Projektabschluss

Aufgabenbeschreibung Pharmarefent/-in

- → Professionelle und eigenständige Kundenbetreuung und Neukundenakquisition
- → Kontaktaufbau zu Meinungsbildnern in der Rheumatologie und Dermatologie
- → Planung, Organisation und Durchführung von Veranstaltungen
- → Teilnahme an Kongressen, Seminaren und Symposien
- → Vorbereitung und Durchführung von Veranstaltungen
- → Auswahl und Gewinnung potenzieller Therapeuten und neuer Kunden
- → Fachliche Beratung von Angehörigen von Heilberufen (Chefärzte, Oberärzte, Stationsärzte, Fachärzte) und Apothekern

Aufgabenbeschreibung Logistik

- → Kontinuierliche Verbesserung der logistischen Prozesse hinsichtlich Lieferperformance und Liefertreue
- → Optimierung der Lieferketten
- → Koordination und Steuerung der gesamten Prozesse der Belieferung (Verträge, Einkauf, Transport, Fakturierung, Zahlung)
- → Weltweites Sourcing und Akquise von Lieferanten für den strategischen Einkauf
- → Führung des Logistik- und Einkaufsteams
- → Steuerung der Versandabteilung
- → Führen von Preis- und Vertragsverhandlungen mit nationalen und internationalen Lieferanten
- → Permanente Analyse des Logistikmarktes einschließlich Initiierung von Lieferantenaudits

Aufgabenbeschreibung Key-Account-Management

- → Zentraler Ansprechpartner und Schnittstelle für die Verkaufsberater der Region Süd / Nord einschließlich Unterstützung der Berater bei Verkaufsgesprächen
- → Führung eines Key-Account-Manager-Teams und der Kundenberater
- → Erarbeitung durchgängiger Vertriebskonzeptionen für die in- und ausländischen Vertriebskanäle, das B2C-Geschäft und die Key-Accounts unter Berücksichtigung der Kundensegmente

- → Optimierung des Einsatzes von Marketinginstrumenten
- → Analyse relevanter Geschäftsdaten und -zahlen einschließlich der Definition und Umsetzung geeigneter Maßnahmen
- → Verantwortung für Strategie- und Vertragsgespräche bei exklusiven Partnern, einschließlich des Relationship-Managements auf Vorstandsebene
- → Qualifizierte Betreuung, Pflege und Weiterentwicklung bestehender Geschäftsbeziehungen einschließlich Akquisition von Neukunden im Projekt- und Komponentengeschäft
- → Entwicklung der Vertriebsstrategien in Abstimmung mit der Geschäftsleitung
- → Akquisition von Neukunden einschließlich systematischer Analyse der Märkte

Aufgabenbeschreibung Consulting

- → Durchführung nationaler und internationaler Beratungsprojekte in der Industrie zur Einführung von Optimierungs- und Veränderungsprozessen
- → Analyse und Strukturierung komplexer Prozesse
- → Entwicklung von Innovationen im Projektmanagement
- → Aktive Weiterentwicklung von Beratungsmethoden
- → Kundenorientierte Anwendung von Methoden des Projektmanagement von der Projektplanung bis hin zur operativen Projektdurchführung
- → Definition von Projektzielen in Workshops mit den Klienten einschließlich Etablierung von Lean-Management-Prinzipien
- → Moderation von Projektmeetings und Statuspräsentationen

Aufgabenbeschreibung Bauingenieur

- → Kontinuierliche Weiterentwicklung von Leistungsverzeichnissen
- → Bauleitung und Bauüberwachung sowie Abnahme
- → Bautechnische Anpassung von Gebäuden
- → Durchführung von Kostenberechnungen
- → Überprüfung von Angeboten, Vergabeberichten, Abrechnungen und Abnahmen

- → Erstellung von Bauanträgen sowie Ausführungs- und Detailzeichnungen
- → Aufstellung von Machbarkeitsuntersuchungen und Baubudgets für Instandhaltungsmaßnahmen

Aufgabenbeschreibung Produktmanagement

- → Erarbeitung des Absatzförderungsbudgets für den Aufgabenbereich
- → Produktpräsentationen auf Vertriebstagungen und bei Schlüsselkunden
- → Analyse betriebswirtschaftlicher Kennzahlen und Nutzung zur Steuerung der Sortimente
- → Enge Zusammenarbeit mit Einkauf, Vertrieb und Trademarketing sowie externen Ansprechpartnern und Agenturen
- → Verantwortung für die Entwicklung und Optimierung der Produkte
- → Aktives Anforderungsmanagement, um Business- und Kundenbedürfnisse in sinnvolle Produkte zu übersetzen
- → Ganzheitliche Betreuung eines Sortiments aus dem Bereich XYZ der Marke ABC über den gesamten Produktlebenszyklus

Aufgabenbeschreibung Verwaltungsfachangestellte/r

- → Ermittlung und Prüfung von Sachverhalten
- → Erarbeitung von Verwaltungsentscheidungen auf der Grundlage von Bundes-, Landes- und kommunalem Ortsrecht
- → Unterrichtung von Beteiligten über Verwaltungsentscheidungen
- → Erstellung von Bescheiden
- → Überwachung und Mitwirkung beim Vollzug geltender Gesetze und Vorschriften
- → Erledigung von Verwaltungs- und Organisationsaufgaben
- → Anlegen, Führen und Aktualisieren von Akten
- → Erledigung von Schriftverkehr
- → Vorbereitung von Sitzungen kommunaler Beschlussgremien

Checkliste für Ihre Aufgabenbeschreibung

CHECKLISTE

- ◯ Sind die wesentlichen Tätigkeiten Ihrer Stelle in der Aufgabenbeschreibung aufgeführt?
- ◯ Sind die einzelnen Tätigkeiten in der Aufgabenbeschreibung detailliert genug beschrieben?
- ◯ Haben Sie Ihre Stellenbeschreibung im Arbeitsvertrag gründlich ausgewertet und mit der Aufgabenbeschreibung verglichen?
- ◯ Haben Sie für die Formulierung Ihrer Aufgabenbeschreibung aktuelle Stellenanzeigen gelesen, in denen Ihr Arbeitsfeld beschrieben wird?
- ◯ Gibt es Zwischenzeugnisse, die Sie heranziehen können?
- ◯ Werden zuerst die wichtigen Aufgaben genannt?
- ◯ Haben Sie auch an Aufgaben gedacht, die Sie vor längerer Zeit ausgeführt haben?
- ◯ Gibt es besondere Projekte, auf die Sie verweisen können?
- ◯ Haben Sie in speziellen Arbeitsgruppen mitgearbeitet?
- ◯ Wurde das Unternehmen von Ihnen auf Messen oder Kongressen repräsentiert?
- ◯ Waren Sie offiziell mit Aufgaben außerhalb Ihres Arbeitsbereiches betraut (Weisung, Besetzungssperre, Krankheit oder Urlaub von Kollegen)?
- ◯ Gab es inoffizielle Gelegenheiten, bei denen Sie Kollegen (längerfristig) vertreten haben?
- ◯ Haben Sie neue Kollegen eingearbeitet?
- ◯ Haben Sie Vorgesetzte vertreten?

→ FORTSETZUNG AUF DER NÄCHSTEN SEITE

- ◯ Waren Sie inoffizieller Ansprechpartner zu bestimmten Themen (spezielles Fachgebiet, langjährige Berufserfahrung, EDV)?
- ◯ Haben Sie interne Schulungsmaßnahmen durchgeführt?
- ◯ Haben Sie Produktschulungen für Kunden organisiert?
- ◯ Gehörten häufige Dienstreisen oder Kundenbesuche zu Ihren Aufgaben?
- ◯ Wenn Sie längere Zeit in der gleichen Stelle beschäftigt waren: Können Sie in künftigen Vorstellungsgesprächen unter Verweis auf die Aufgabenbeschreibung belegen, dass Sie sich beruflich weiterentwickelt haben?
- ◯ Macht die Aufgabenbeschreibung Lesern Ihres Arbeitszeugnisses klar, was Sie alles können?

7. Strittige Fälle – Ihre Rechte als Arbeitnehmer

Manchmal kommt es bei der Ausstellung von Arbeitszeugnissen zu Konflikten, die sich auch zu größeren Streitigkeiten ausweiten können. Wenn ein guter Mitarbeiter plötzlich gekündigt hat, ist die Firma vielleicht verstimmt. Aber auch wenn das Unternehmen unerwartet dem Mitarbeiter kündigt, sorgt das für schlechte Stimmung.

Es kommt auf die Taktik an

Grundsätzlich gilt, dass jeder Arbeitnehmer bei einem Stellenwechsel das Recht auf ein Arbeitszeugnis hat, das aber je nach Einzelfall nach sechs Monaten bis hin zu mehreren Jahren erlischt, wenn er sich lange Zeit nicht darum bemüht. Deshalb sollten Sie sich möglichst schnell nach dem Ausscheiden aus der Firma darum kümmern. Wenn Sie davon ausgehen können, dass die Verhandlung Ihres Zeugnisses kein Selbstläufer ist, sollten Sie unbedingt einige taktische Vorüberlegungen anstellen. Es nützt nämlich nichts, in Konfliktgesprächen über das Zeugnis mit der Tür ins Haus zu fallen und Änderungen erzwingen zu wollen.

Der Arbeitgeber muss schlechte Noten belegen können

Zeugnisse müssen wohlwollend formuliert sein und dürfen das berufliche Fortkommen nicht behindern. In der Praxis bedeutet dies, dass alle Formulierungen, die schlechter als die Note 3 sind, vom Arbeitgeber begründet werden müssen. Ebenso dürfen einmalige, nicht typische Vorfälle im Arbeitsverhalten des Mitarbeiters nicht im Zeugnis auftauchen. Alle Bewertungen hingegen, die besser als die Note 3 sind, müssen von Ihnen mit passenden Argumenten belegt werden.

Schwingen Sie die »Keule Arbeitsgericht« nicht zu früh

Im eigentlichen Konfliktgespräch sollten Sie Ihre Trümpfe dann Schritt für Schritt ausspielen. Listen Sie die Erfolge der Vergangenheit auf, die Sie für die Firma erzielt haben. Nennen Sie frühere Fachvorgesetzte, die Ihre durchgängig gute Arbeit bestätigen können. Drohen Sie nicht zu früh mit dem Arbeitsgericht. Natürlich können Sie anklingen lassen, dass Sie nur im äußersten Fall einen Prozess vor dem Arbeitsgericht anstreben. Um diese Drohung dann wieder zu relativieren, sollten Sie aber betonen, dass Sie an einer gütlichen Einigung interessiert sind.

Beharrliche Ausdauer macht sich meist bezahlt

Auch bei strittigen Formulierungen im Zeugnis bringt Sie die richtige Taktik weiter. Bieten Sie Alternativformulierungen an, die aber die gleiche (gute) Bewertung enthalten. So machen Sie deutlich, dass Sie sich inhaltlich bewegen, aber Sie verschlechtern Ihr Zeugnis nicht. Setzen Sie bei Ihren Verhandlungen auch auf den Faktor Zeit: Geben Sie in Gesprächen nicht zu früh nach, sondern bitten Sie um Bedenkzeit und einen neuen Termin. Nicht wenige Personalverantwortliche geben irgendwann nach, weil es im anstrengenden Tagesgeschäft einfach wichtigere Aufgaben gibt, als mit ausscheidenden Mitarbeitern über die Vergangenheit und das Zeugnis zu diskutieren.

CHECKLISTE

Checkliste für strittige Fälle

- ◯ Verinnerlichen Sie Ihre Verhandlungsstrategie: Betonen Sie ausreichend, dass Sie sich unbedingt einigen möchten, aber in einzelnen Details noch dringend Veränderungsbedarf sehen?
- ◯ Stellen Sie zu Beginn des Konfliktgespräches ein »Wir«-Gefühl her? Betonen Sie, dass Sie gern in der Firma gearbeitet haben?
- ◯ Haben Sie die Lage sondiert? Wer wird Ihnen Steine in den Weg legen und wer wird Sie unterstützen?
- ◯ Wenn das Problem der derzeitige Fachvorgesetzte ist: Hatte er auch schon mit anderen Beschäftigten Auseinandersetzungen wegen Arbeitszeugnissen?
- ◯ Welches Verhältnis haben Sie zum Vorgesetzten Ihres Vorgesetzten? Kann er Sie unterstützen?
- ◯ Haben Sie noch Kontakte zu früheren Fachvorgesetzten, die Ihnen zur Seite stehen könnten?
- ◯ Welchen Kurs verfolgt die Personalabteilung (ausgleichend, abwartend, neutral)?

- ◯ Ist Unterstützung durch den Betriebsrat oder den Personalrat zu erwarten?

- ◯ An welchen Stellen im Zeugnis wollen Sie auf gar keinen Fall nachgeben, und wo können Sie mit leichten Änderungen leben?

- ◯ Argumentieren Sie damit, dass Arbeitszeugnisse wohlwollend formuliert sein müssen und Ihr berufliches Weiterkommen nicht behindern dürfen?

- ◯ Haben Sie sich konkrete Belege zurechtgelegt, um strittige Formulierungen in Ihrem Sinn durchzubringen (Vertriebserfolge, Kostenreduzierungen, Verweise auf Mitbewerber, Qualitätsverbesserungen oder Ähnliches)?

- ◯ Wenn einzelne Formulierungen strittig sind: Bieten Sie zuerst Alternativen an, die sprachlich anders klingen, aber die gleichen guten Bewertungen enthalten?

- ◯ Wenn Sie mit einer Auseinandersetzung rechnen müssen: Haben Sie aus taktischen Gründen an ein oder zwei Stellen zu gute Bewertungen benutzt, auf die Sie später »großzügig« verzichten können?

- ◯ Wollen Sie der Firma im Gespräch mit einem Prozess vor dem Arbeitsgericht drohen? Wenn ja, dann machen Sie das aber nicht zu früh.

- ◯ Hat die Firma schon häufiger Prozesse um Zeugnisse vor dem Arbeitsgericht verloren? Dann weisen Sie im Gespräch darauf hin.

- ◯ Verwenden Sie in strittigen Verhandlungen auch einmal Formulierungen wie »Nach gründlicher Kontrolle durch einen Zeugnisprofi hat sich ergeben, dass …« oder »Nach Rücksprache mit einem Fachanwalt für Arbeitsrecht weiß ich nun, dass …«?

8. Zwischenzeugnisse – Sonderfall für Halbzeitbeurteilungen

Zwischenzeugnisse sind im Großen und Ganzen genauso aufgebaut wie Schlusszeugnisse. Die Ausführungen zu Ihren Arbeitsaufgaben, zu den einzelnen Leistungsbeurteilungen samt besonderen Erfolgen, zur zusammenfassenden Leistungsbeurteilung und zum Sozialverhalten lassen sich übertragen. Es gelten aber auch einige Besonderheiten, die Sie zusätzlich beachten müssen.

Leistungsbilanz statt Zwischenzeugnis

Wenn Sie vorhaben, sich aus einer laufenden Stelle wegzubewerben, ist ein Zwischenzeugnis nicht unbedingt erforderlich. Sie würden mit Ihrem Wunsch am alten Arbeitsplatz womöglich schlafende Hunde wecken und so erst auf Ihren Wechselwunsch aufmerksam machen. In der Bewerbungsmappe können Sie auch ohne Zwischenzeugnis punkten: Sie können sich selbst eine Leistungsbilanz schreiben. Diese Leistungsbilanz haben wir in unserer Beratungspraxis entwickelt. Es handelt sich um ein drittes Element nach Anschreiben und Lebenslauf, nicht zu verwechseln mit der sogenannten dritten Seite, die eher einem Besinnungsaufsatz gleicht und keine wirkliche Unterstützung des beruflichen Profils ist. Für weitere Informationen und Beispiele für gelungene Leistungsbilanzen empfehlen wir Ihnen unsere Ratgeber »Ihre beste Bewerbung« und »So bekommen Sie den neuen Job«.

Triftige Gründe für ein Zwischenzeugnis

Gründe für die Ausstellung eines Zwischenzeugnisses gibt es viele: ein Vorgesetzter wird pensioniert, verlässt das Unternehmen oder tritt eine andere Stelle in der Firma an; oder aber Restrukturierungen und Umorganisationen, eine Firmenübernahme, ein Inhaberwechsel oder die (drohende) Insolvenz. Auch Änderungen in Ihrem Aufgabenfeld rechtfertigen ein Zwischenzeugnis. Gleiches gilt für länger andauernde Auslandsaufenthalte, Weiterbildungen oder den Erziehungsurlaub.

Wichtig ist zunächst, dass die Verben im Zwischenzeugnis im Präsens stehen müssen. Es heißt dann also nicht »Im Einzelnen war er bei uns für diese Aufgaben tätig«, sondern »Im Einzelnen ist er bei uns für diese Aufgaben tätig«. Auch bei den verschiedenen Leistungsbeurteilungen sollte die richtige

Zeitform auftauchen. So darf es bei der zusammenfassenden Leistungsbeurteilung dann beispielsweise auch nicht »Die ihm übertragenen Aufgaben erledigte er stets zu unserer vollsten Zufriedenheit« heißen, sondern »Die ihm übertragenen Aufgaben erledigt er stets zu unserer vollsten Zufriedenheit«. Ausnahmen von der Zeitform gelten nur für einzelne, abgeschlossene Vorgänge. Im Schlussabsatz sollte der Grund für die Zeugnisausstellung vermerkt werden. Statt einer Dankes-Bedauerns-Formel sollte eine Dankes-Formel enthalten sein – Ihren Abgang kann man ja schließlich nicht bedauern, da Sie zurzeit offiziell im Unternehmen beschäftigt sind.

Wesentliche Unterschiede zum »normalen« Zeugnis

CHECKLISTE

Checkliste für Ihr Zwischenzeugnis

- ◯ Ist das Zwischenzeugnis mit der Überschrift »Zwischenzeugnis« versehen?
- ◯ Stehen die Verben im Zwischenzeugnis in der Gegenwartsform (Vergangenheitsform nur bei einzelnen abgeschlossenen Vorgängen)?
- ◯ Enthält Ihr Zwischenzeugnis am Ende den Grund für die Zeugnisausstellung?
- ◯ Dankt man Ihnen für die bisherige Arbeit (kein Rechtsanspruch)?
- ◯ Wurde die Bedauerns-Formel weggelassen?
- ◯ Wünscht man Ihnen auch für die Zukunft viel Erfolg (kein Rechtsanspruch)?
- ◯ Ist das Zwischenzeugnis von den zuständigen Personen unterschrieben worden?
- ◯ In Bezug auf die Ausstellungsgründe für ein Zwischenzeugnis: Können Sie auf einen Vorgesetztenwechsel verweisen, zum Beispiel wegen interner Beförderung oder Ausscheiden aus der Firma?

→ FORTSETZUNG AUF DER NÄCHSTEN SEITE

- ◯ Wurde das Unternehmen umstrukturiert?
- ◯ Geht das Unternehmen in Insolvenz?
- ◯ Sind Sozialplanverhandlungen aufgenommen worden?
- ◯ Gab es eine Firmenübernahme oder einen Inhaberwechsel?
- ◯ Gibt es wesentliche Änderungen in Ihrem Aufgabenfeld?
- ◯ Haben Sie ein Trainee-Programm abgeschlossen und treten nun eine spezielle Stelle im Unternehmen an?
- ◯ Gehen Sie für Ihr Unternehmen ins Ausland?
- ◯ Steht Ihre Delegation in ein lang andauerndes Projekt an?
- ◯ Beginnen Sie eine längere Elternzeit?
- ◯ Sind Sie in den Betriebsrat gewählt worden?
- ◯ Sind Sie bis zum fristgerechten Ablauf des Arbeitsverhältnisses freigestellt worden?
- ◯ Gibt es keine regelmäßigen Mitarbeiterbeurteilungen im Unternehmen?
- ◯ Möchten Sie zu Bewerbungszwecken ein Zwischenzeugnis erhalten (Alternative: Leistungsbilanz)?

9. Beispielformulierungen für Arbeitszeugnisse

Sie haben jetzt zahlreiche negative und positive Praxisbeispiele für Arbeitszeugnisse gesehen, und auf den vorherigen Seiten haben wir Ihnen mit Tipps und Checklisten zusätzliche Hilfestellungen gegeben, damit Sie Ihr überzeugendes Arbeitszeugnis auch selbst erstellen können. Auf den folgenden Seiten möchten wir Sie nun noch mit zahlreichen Zeugnisformulierungen vertraut machen, damit Sie die gleiche Zeugnissprache wie die Personalprofis sprechen – denn nur so können Sie glaubwürdige und stimmige Zeugnisse verfassen beziehungsweise Ihnen ausgestellte erfolgreich prüfen und verbessern. Wir zeigen Ihnen zu jedem Zeugnisblock jeweils mehrere Beispiele von sehr guten bis hin zu mangelhaften und ungenügenden Bewertungen.

Formulierungen für Zeugniseinleitungen

Unterschätzen Sie nicht die Bedeutung der Zeugniseinleitung. Bereits mit dem ersten Satz kann eine Weichenstellung für den weiteren Zeugnistext vorgenommen werden. Ist bereits die Einleitung unzureichend - beispielsweise durch eine passive Formulierung oder das Fehlen von Eintritts- und Austrittsdatum oder der Unternehmensabteilung, in der der Beurteilte tätig war, wird ein professioneller Leser direkt nach weiteren Fehlern suchen. Ist die Einleitung hingegen gelungen, geht ein Personalprofi gleich viel positiver an das Arbeitszeugnis heran.

Geeignete Zeugniseinleitungen

→ Herr Hans Müller, geboren am 01.01.1985 in Bremen, war vom 01.07.2013 bis zum 31.09.2018 als Projektleiter IT in unserem Unternehmen tätig. Die Stelle war direkt dem Leiter IT unterstellt.

→ Frau Vanessa Schmidt, geboren am 01. Februar 1978 in Frankfurt/Oder, war vom 01. August 2017 bis zum 30. Juni 2019 als Marketingreferentin in unserem Unternehmen im Rahmen eines befristeten Arbeitsverhältnisses tätig.

- Herr Uwe Müller, geb. am 07.11.1976 in Meppen/Ems, war seit dem 01.08.2010 als Personalassistent innerhalb der Abteilung Recht und Versicherung in unserer Hauptverwaltung tätig. (Austrittsdatum wird dann im Schlussabsatz aufgeführt!)
- Frau Janina Schmidt, geb. am 08.11.1996 in Kiel, war in dem Zeitraum vom 04.10.2018 bis zum 19.11.2018 in der Abteilung F&E in unserem Unternehmen als Werkstudentin tätig.
- Herr Andreas Müller, geboren am 21. Dezember 1981 in Mannheim, war vom 1. August 2012 bis zum 31. Dezember 2019 als Mitarbeiter in der Buchhaltung in unserem Unternehmen tätig.
- Frau Sonja Schmidt, geboren am 05.05.1988 in Rostock, war vom 01.10.2012 bis zum 31.08.2019 in unserer Abteilung Verkauf & Marketing als Marketingleiterin und stellvertretende Verkaufsleiterin tätig.
- Herr Timo Müller, geboren am 21. September 1980 in Mannheim, war vom 1. August 2010 bis zum 31. Oktober 2019 bei uns tätig, zunächst als Gruppenleiter Controlling und ab dem 1. März 2013 als Abteilungsleiter Controlling.
- Frau Annika Dentler, geboren am 25.08.1983 in Hamburg, war vom 01.01.2009 bis zum 30.09.2019 für unser Unternehmen tätig. Über ihre Tätigkeiten als Projektmanagerin B2B, Projektmanagerin B2C und Projektmanagerin B2G liegen bereits separate Zwischenzeugnisse vor. Aufgrund ihrer stets guten Leistungen und ihres Engagements übertrugen wir ihr zum 01.01.2016 die Aufgabe Referentin B2B in der Abteilung Strategisches Marketing des Bereiches Vertrieb und Marketing.

Ungeeignete und abwertende Zeugniseinleitungen

- Herr Hans Müller, geboren am 01.01.1985 in Bremen, war vom 01.07.2013 bis zum 30.09.2019 in unserem Unternehmen beschäftigt.
- Frau Vanessa Schmidt, geboren am 01. Februar 1978 in Frankfurt/Oder, wurde am 01. August 2017 in unserem Unternehmen im Rahmen eines befristeten Arbeitsverhältnisses eingestellt.
- Herr Uwe Müller, geb. am 07.11.1976 in Meppen/Ems, hatte seit dem 01.08.2011 die Aufgaben eines Personal-

assistenten zu erledigen. (Austrittsdatum wird dann im Schlussabsatz aufgeführt!)

→ Das Arbeitsverhältnis von Frau Janina Schmidt, geb. am 08.11.1996 in Kiel, dauerte vom 04.10.2019 bis zum 19.11.2019.
→ Herr Andreas Müller, geboren am 21. Dezember 1982 in Mannheim, erfüllte vom 1. August 2012 bis zum 31. Dezember 2019 Aufgaben in der Buchhaltung.
→ Frau Sonja Schmidt, geboren am 05.05.1988 in Rostock, war vom 01.10.2012 bis zum 31.08.2019 Angehörige unseres Unternehmens.
→ Herr Timo Müller, geboren am 21. September 1980 in Mannheim, war vom 1. August 2012 bis zum 31. Dezember 2019 bei uns beschäftigt, zunächst als Gruppenleiter Controlling und ab dem 1. März 2013 als Abteilungsleiter Controlling.
→ Frau Annika Dentler, geboren am 25.08.1983 in Hamburg, stand vom 01.01.2009 bis zum 30.09.2019 in den Diensten unseres Unternehmens. Über ihre früheren Tätigkeiten liegen bereits separate Zwischenzeugnisse vor.

Einführung in den Aufgabenblock

Auch bei den Überschriften für die Aufgabenbeschreibungen gilt es, einige Details zu beachten. Am wichtigsten ist, dass die Einleitung persönlich gestaltet wird. Es sollte also beispielsweise »Ihre Hauptaufgaben waren« anstatt »Die Hauptaufgaben waren« oder »Zu seinem Aufgabengebiet gehörten« anstatt »Zu dem Aufgabengebiet gehörten« heißen. Positiv ist zusätzlich, wenn aussagekräftige Adjektive wie »eigenständig oder »eigenverantwortlich« eingefügt werden.

Geeignete Überschriften für Aufgabenbeschreibungen

→ Sein Aufgabengebiet umfasste im Wesentlichen folgende Tätigkeiten:
→ Ihre Hauptaufgaben lagen im:
→ Herr Schmidt war für die Wartung unserer Maschinen verantwortlich, d. h. insbesondere für:
→ Zu ihrem Aufgabengebiet gehörte insbesondere:
→ Das Aufgabengebiet von Herr Schmidt umfasste:
→ Zu seinem Aufgabengebiet gehörten:
→ Der Wirkungs- und Verantwortungsbereich von Frau Mül-

ler umfasste im Wesentlichen die eigenverantwortliche und selbstständige Erledigung folgender Aufgaben:

→ Sein Aufgabengebiet war:
→ Ihr Tätigkeitsfeld beinhaltete die Betreuung des Vertriebsbereiches West mit folgenden Aufgaben:
→ Aufgrund seiner ausgezeichneten Leistungen haben wir Herrn Müller rasch ein eigenständiges Aufgabengebiet übertragen. Dazu zählten:
→ Ihre Aufgabe umfasste folgende Bereiche:
→ Im Einzelnen gehörten die folgenden Hauptaufgaben zu ihrem Tätigkeitsgebiet:
→ Im Rahmen dieser Tätigkeit wurden von Herrn Schmidt die folgenden Aufgaben ausgeführt:
→ Frau Müller wurden folgende Aufgaben übertragen:
→ Zu den Aufgaben von Herrn Schmidt gehörten:

Ungeeignete und abwertende Überschriften für Aufgabenbeschreibungen

→ Die Stelle umfasste im Wesentlichen folgende Tätigkeiten:
→ Die Hauptaufgaben der Position waren:
→ Herr Schmidt war unter Anleitung verantwortlich für:
→ Zum Aufgabengebiet zählten:
→ Das Aufgabengebiet umfasste:
→ Zum Aufgabengebiet gehörten:
→ Es ging in der Stelle um:
→ Im Großen und Ganzen umfasste die Aufgabe:
→ Das Tätigkeitsfeld beinhaltete:

Formulierungen für einzelne Leistungsbeurteilungen

In dem Block der einzelnen Leistungsbeurteilungen werden die bereits zu Beginn dieses Ratgebers genannten Faktoren Arbeitsmotivation, Arbeitsbefähigung, Fachwissen und Weiterbildung, Arbeitsweise, Arbeitserfolg sowie herausragende Erfolge bewertet. Sie sollten unbedingt darauf achten, dass Sie im Arbeitszeugnis zu sämtlichen Faktoren Noten erhalten. Auch hier gibt es wieder die Abstufungen von sehr guten Leistungen bis hin zu mangelhaften. Im Folgenden zeigen wir Ihnen zu jeder Rubrik der einzelnen Leistungsbeurteilungen Beispiele, damit Sie die Bewertungen Ihres eigenen Zeugnisses entschlüsseln können beziehungsweise passende Beispielsätze als Vorlage haben, wenn Sie Ihr Zeugnis selbst schreiben.

Arbeitsmotivation

Sehr gute Arbeitsmotivation Note 1

→ Herr Schmidt war stets sehr gut motiviert.
→ Frau Müller zeigte stets höchste Eigenmotivation, beachtliches Engagement und ein ausgeprägtes Pflichtbewusstsein.
→ Herr Schmidt hatte stets eine ausgezeichnete Leistungsmotivation.
→ Frau Müller war stets in höchstem Maße eigenmotiviert und realisierte mit sehr großem persönlichen Einsatz beharrlich die selbst gesteckten Ziele.
→ Herr Schmidt war stets ein sehr aktiver Mitarbeiter, der sich absolut mit seinen Aufgaben identifizierte und sich weit überdurchschnittlich engagierte.
→ Frau Müller verfügte über eine stets sehr gute Leistungsbereitschaft und ein vorbildliches Pflichtbewusstsein.
→ Herr Schmidt war ein äußerst engagierter Mitarbeiter, der jederzeit gern bereit war, auch Aufgaben außerhalb seines eigentlichen Aufgabengebietes zu übernehmen.
→ Herr Schmidt hat sich innerhalb kürzester Zeit in seinen umfassenden Aufgabenbereich eingearbeitet. Er verfolgte die vereinbarten Ziele stets engagiert und motiviert.
→ Frau Schmidt überzeugte als sehr dynamische Mitarbeiterin mit einer stets sehr hohen Einsatzbereitschaft.
→ Herr Schmidt war ein außergewöhnlich engagierter und belastbarer Mitarbeiter.
→ Frau Schmidt war eine außergewöhnlich motivierte und engagierte Mitarbeiterin.
→ Herr Schmidt zeichnete sich stets durch seine sehr hohe Einsatzbereitschaft aus.

Gute Arbeitsmotivation Note 2

→ Herr Schmidt war stets gut motiviert.
→ Frau Müller zeigte stets Eigenmotivation, Engagement und Pflichtbewusstsein.

- Herr Schmidt hatte stets eine gute Leistungsmotivation.
- Frau Müller war stets eigenmotiviert und realisierte mit großem persönlichen Einsatz beharrlich die gesteckten Ziele.
- Herr Schmidt war stets ein aktiver Mitarbeiter, der sich mit seinen Aufgaben identifizierte und sich überdurchschnittlich engagierte.
- Frau Müller verfügte über eine stets gute Leistungsbereitschaft und Pflichtbewusstsein.
- Herr Schmidt war ein sehr engagierter Mitarbeiter, der jederzeit bereit war, auch Aufgaben außerhalb seines eigentlichen Aufgabengebietes zu übernehmen.
- Herr Schmidt hat sich innerhalb kurzer Zeit in seinen umfassenden Aufgabenbereich eingearbeitet. Er verfolgte die vereinbarten Ziele stets engagiert und motiviert.
- Frau Schmidt überzeugte als dynamische Mitarbeiterin mit einer stets hohen Einsatzbereitschaft.
- Herr Schmidt war ein sehr engagierter und belastbarer Mitarbeiter.
- Frau Schmidt war eine sehr motivierte und engagierte Mitarbeiterin.
- Herr Schmidt zeichnete sich durch seine sehr hohe Einsatzbereitschaft aus.

Note 3

Befriedigende Arbeitsmotivation

- Herr Schmidt war motiviert.
- Frau Müller zeigte Eigenmotivation und Engagement.
- Herr Schmidt hatte eine gute Leistungsmotivation.
- Frau Müller war eigenmotiviert und realisierte die ihr gesetzten Ziele.
- Herr Schmidt war ein aktiver Mitarbeiter, der sich mit seinen Aufgaben identifizierte und sich zufriedenstellend engagierte.
- Frau Müller verfügte über eine voll zufriedenstellende Leistungsbereitschaft und Pflichtbewusstsein.
- Herr Schmidt war ein engagierter Mitarbeiter, der bereit war, auch zusätzliche Aufgaben zu übernehmen.
- Herr Schmidt hat sich innerhalb kurzer Zeit in seinen Aufgabenbereich eingearbeitet. Er verfolgte die vereinbarten Ziele engagiert und motiviert.

→ Frau Schmidt überzeugte als dynamische Mitarbeiterin mit ihrer Einsatzbereitschaft.
→ Herr Schmidt war ein engagierter und belastbarer Mitarbeiter.
→ Frau Schmidt war eine motivierte und engagierte Mitarbeiterin.
→ Herr Schmidt zeichnete sich durch seine Einsatzbereitschaft aus.

Ausreichende Arbeitsmotivation Note 4

→ Herr Schmidt arbeitete mit ausreichender Motivation.
→ Frau Müller war ausreichend aktiv und engagiert.
→ Herr Schmidt verfügte über eine ausreichende Leistungsmotivation.
→ Frau Müller war im Großen und Ganzen eigenmotiviert und verfolgte die ihr gesetzten Ziele.
→ Frau Müller verfügte über eine ausreichende Leistungsbereitschaft.
→ Herr Schmidt arbeitete mit genügendem Engagement und war auf Aufforderung bereit, auch zusätzliche Aufgaben zu übernehmen.
→ Herr Schmidt hat sich in seinen Aufgabenbereich eingearbeitet und war motiviert.
→ Frau Schmidt zeigte Einsatzbereitschaft.
→ Herr Schmidt war engagiert.
→ Frau Schmidt war motiviert.
→ Herr Schmidt zeigte häufig Einsatzbereitschaft.

Mangelhafte Arbeitsmotivation Note 5

→ Insgesamt war die Arbeitsmotivation von Herrn Schmidt ausreichend.
→ Frau Müller war insgesamt durchaus aktiv und engagiert.
→ Herr Schmidt verfügte über eine Leistungsmotivation, die nicht zu kritisieren war.
→ Frau Müller war im Großen und Ganzen in ausreichender Weise eigenmotiviert und engagiert.
→ Frau Müller zeigte Eigenmotivation und verfolgte interessiert die ihr gesetzten Ziele.
→ Insgesamt verfügte Frau Müller über eine ausreichende Leistungsbereitschaft.

- → Herr Schmidt arbeitete durchaus mit Engagement und war grundsätzlich bemüht, auf Aufforderung zusätzliche Aufgaben zu übernehmen.
- → Im Großen und Ganzen hat sich Herr Schmidt in seinen Aufgabenbereich eingearbeitet und hatte damit keine Schwierigkeiten.
- → Insgesamt zeigte Frau Schmidt durchaus Einsatzbereitschaft.
- → Herr Schmidt war nicht unengagiert.
- → Frau Schmidt war nicht unmotiviert.
- → Herr Schmidt zeigte häufig Einsatzbereitschaft, die nicht zu beanstanden war.

Arbeitsbefähigung

Note 1

Sehr gute Arbeitsbefähigung

- → Seine Arbeitsbefähigung war stets in jeder Hinsicht sehr gut.
- → Sie war eine stets hoch belastbare und sehr tüchtige Mitarbeiterin.
- → Er beherrschte sein Aufgabengebiet in jeder Hinsicht perfekt.
- → Sie war eine äußerst tüchtige Mitarbeiterin, ihre Arbeitsbefähigung war stets in jeder Hinsicht sehr gut.
- → Seine Fach- und Leitungskompetenz war stets sehr gut.
- → Den Anforderungen und Belastungen ihrer anspruchsvollen Position war sie auch bei stärkstem Arbeitsanfall stets sehr gut gewachsen.
- → Er verfügt über ein äußerst gutes konzeptionelles Denkvermögen und einen ausgeprägten Sinn für das Machbare.
- → Hervorzuheben ist seine Belastbarkeit, die stets weit über das übliche Maß hinausging.
- → Auch unter stärkster Belastung behielt sie die Übersicht, handelte überlegt und bewältigte alle Aufgaben in hervorragender Weise.
- → Auch in sehr fordernden Arbeitssituationen erbrachte er konstant hochwertige Leistungen.
- → Die anspruchsvollen Anforderungen ihrer Position bewältigte sie auch bei sehr hohem Arbeitsaufkommen vorbildlich.
- → Er beherrschte sein Aufgabengebiet in jeder Hinsicht sehr

gut und realisierte beharrlich die vorgegebenen und selbst gesteckten Ziele.

Gute Arbeitsbefähigung Note 2

→ Seine Arbeitsbefähigung war stets in jeder Hinsicht gut.
→ Sie war eine hoch belastbare und tüchtige Mitarbeiterin.
→ Er beherrschte sein Aufgabengebiet in jeder Hinsicht gut.
→ Sie war eine tüchtige Mitarbeiterin, ihre Arbeitsbefähigung war stets in jeder Hinsicht gut.
→ Seine Fach- und Leitungskompetenz war stets gut.
→ Den Anforderungen und Belastungen ihrer Position war sie stets gut gewachsen.
→ Er verfügt über ein gutes konzeptionelles Denkvermögen und einen Sinn für das Machbare.
→ Seine Belastbarkeit ging weit über das übliche Maß hinaus.
→ Auch unter starker Belastung behielt sie die Übersicht und bewältigte alle Aufgaben hervorragend.
→ Auch in fordernden Arbeitssituationen erbrachte er konstant gute Leistungen.
→ Die anspruchsvollen Anforderungen ihrer Position bewältigte sie auch bei sehr hohem Arbeitsaufkommen gut.
→ Er beherrschte sein Aufgabengebiet in jeder Hinsicht gut und realisierte beharrlich die vorgegebenen und selbst gesteckten Ziele.

Befriedigende Arbeitsbefähigung Note 3

→ Seine Arbeitsbefähigung war gut.
→ Sie war eine belastbare Mitarbeiterin.
→ Er beherrschte sein Aufgabengebiet gut.
→ Sie war eine tüchtige Mitarbeiterin, ihre Arbeitsbefähigung war gut.
→ Seine Fach- und Leitungskompetenz war gut.
→ Den Anforderungen und Belastungen ihrer Position war sie gut gewachsen.
→ Er verfügt über konzeptionelles Denkvermögen und einen Sinn für das Machbare.
→ Seine Belastbarkeit ging über das übliche Maß hinaus.
→ Auch unter Belastung behielt sie die Übersicht und bewältigte alle Aufgaben gut.

→ Auch in fordernden Arbeitssituationen erbrachte er gute Leistungen.
→ Die Anforderungen ihrer Position bewältigte sie auch bei hohem Arbeitsaufkommen gut.
→ Er beherrschte sein Aufgabengebiet und realisierte die vorgegebenen und selbst gesteckten Ziele.

Note 4

Ausreichende Arbeitsbefähigung

→ Seine Arbeitsbefähigung war zufriedenstellend.
→ Sie verfügt über eine zufriedenstellende Belastungsfähigkeit.
→ Sein Aufgabengebiet bereitete ihm keine Schwierigkeiten.
→ Sie war eine interessierte Mitarbeiterin, ihre Arbeitsbefähigung war durchaus zufriedenstellend.
→ Seine Fach- und Leitungskompetenz war zufriedenstellend.
→ Mit den Anforderungen und Belastungen ihrer Position kam sie zurecht.
→ Sein konzeptionelles Denkvermögen ist zufriedenstellend.
→ Seine Arbeitsbefähigung war befriedigend.
→ Auch unter Belastung bewältigte er alle Aufgaben befriedigend.
→ Auch in fordernden Arbeitssituationen erbrachte er befriedigende Leistungen.
→ Die Anforderungen ihrer Position bewältigte sie.
→ Er beherrschte sein Aufgabengebiet und realisierte befriedigend die vorgegebenen Ziele.

Note 5

Mangelhafte Arbeitsbefähigung

→ Seine Arbeitsbefähigung war meist zufriedenstellend.
→ Sie verfügt über eine im Großen und Ganzen zufriedenstellende Belastungsfähigkeit.
→ Insgesamt bereitete ihm sein Aufgabengebiet keine Schwierigkeiten.
→ Sie war eine interessierte Mitarbeiterin, die sich im Rahmen ihrer Möglichkeiten eingesetzt hat.
→ Seine Fach- und Leitungskompetenz war meist zufriedenstellend.
→ Den Anforderungen ihrer Position war sie sich durchaus bewusst.

- → Sein konzeptionelles Denkvermögen ist nicht zu kritisieren.
- → Seine Arbeitsbefähigung war nicht zu kritisieren.
- → Auch unter Belastung bewältigte er Aufgaben häufig ausreichend.
- → In Arbeitssituationen erbrachte er nicht zu beanstandende Leistungen.
- → Die Anforderungen ihrer Position kannte sie.
- → Er kannte sein Aufgabengebiet und realisierte kritiklos die vorgegebenen Ziele.

Fachwissen und Weiterbildung

Sehr gutes Fachwissen und Weiterbildung Note 1

- → Sie war eine sehr sachkundige und überall einsetzbare Mitarbeiterin.
- → Herr Müller verfügt über eine äußerst vielseitige und bemerkenswert große Berufserfahrung.
- → In kürzester Zeit beherrschte sie die Fertigungsaufgaben an der äußerst anspruchsvollen Maschine sehr gut.
- → Er beherrschte die Programme Fotobearbeitung 7.4, Layoutstar 8 und Konzeptpräsentation R/12 absolut sicher.
- → Sie beherrscht die englische und französische Sprache in jeder Hinsicht herausragend und absolut verhandlungssicher.
- → Sein exzellentes Fachwissen hielt er durch kontinuierliche Fortbildung stets auf dem neuesten Kenntnisstand.
- → Aufgrund ihres umfangreichen und besonders fundierten Fachwissens erzielte sie weitaus überdurchschnittliche Erfolge bei ihrer Arbeit.
- → Er besitzt ein umfassendes und detailliertes Wissen, welches über das eigene Fachgebiet weit hinausgeht.
- → Frau Schmidt zeichnete sich durch ihr sehr gutes und fundiertes Fachwissen, eine schnelle Auffassungsgabe und ausgeprägte Lernbereitschaft aus.
- → Aufgrund seiner ausgezeichneten technischen und handwerklichen Kenntnisse kam er auch mit schwierigen Wartungsaufgaben und insbesondere Notfällen sehr gut zurecht.
- → Sie verband ihre umfassende technische Kompetenz mit ihrem ausgeprägten kaufmännischen Sachverstand.

- Aufgrund seiner erstklassigen Fach- und Branchenkenntnisse arbeitete er sich in kürzester Zeit in häufig wechselnde, anspruchsvolle und umfangreiche Aufgabenstellungen ein.

Note 2

Gutes Fachwissen und Weiterbildung

- Sie war eine sachkundige und vielseitig einsetzbare Mitarbeiterin.
- Herr Müller verfügt über eine vielseitige und große Berufserfahrung.
- In kürzester Zeit beherrschte sie die Fertigungsaufgaben an der anspruchsvollen Maschine gut.
- Er beherrschte die Programme Fotobearbeitung 7.4, Layoutstar 8 und Konzeptpräsentation R/12 gut.
- Sie beherrscht die englische und französische Sprache in Wort und Schrift gut.
- Sein gutes Fachwissen hielt er durch kontinuierliche Fortbildung stets auf dem neuesten Kenntnisstand.
- Aufgrund ihres guten Fachwissens erzielte sie überdurchschnittliche Erfolge bei ihrer Arbeit.
- Er besitzt ein umfassendes und detailliertes Wissen, welches über das eigene Fachgebiet hinausgeht.
- Frau Schmidt zeichnete sich durch ihr gutes und fundiertes Fachwissen und ihre Lernbereitschaft aus.
- Aufgrund seiner fundierten technischen und handwerklichen Kenntnisse kam er auch mit schwierigen Wartungsaufgaben gut zurecht.
- Sie verband ihre technische Kompetenz mit ihrem kaufmännischen Sachverstand.
- Aufgrund seiner erprobten Fach- und Branchenkenntnisse arbeitete er sich in kurzer Zeit in anspruchsvolle Aufgabenstellungen ein.

Note 3

Befriedigendes Fachwissen und Weiterbildung

- Sie war eine sachkundige Mitarbeiterin.
- Herr Müller verfügt über eine gute Berufserfahrung.
- Nach kurzer Zeit beherrschte sie die Fertigungsaufgaben an der anspruchsvollen Maschine voll zufriedenstellend.
- Er beherrschte die Programme Fotobearbeitung 7.4, Layoutstar 8 und Konzeptpräsentation R/12.

- → Sie hat zufriedenstellende Kenntnisse der englischen und französischen Sprache.
- → Sein Fachwissen hielt er durch Fortbildung auf dem aktuellen Kenntnisstand.
- → Aufgrund ihres Fachwissens erzielte sie gute Erfolge bei ihrer Arbeit.
- → Er besitzt ein umfassendes Fachwissen und ist kompetent.
- → Frau Schmidt zeichnete sich durch ihr Fachwissen aus.
- → Aufgrund seiner technischen und handwerklichen Kenntnisse kam er mit den Aufgaben gut zurecht.
- → Sie verfügt über technische Kompetenz und kaufmännisches Wissen.
- → Aufgrund seiner Fach- und Branchenkenntnisse arbeitete er sich in wechselnde Aufgabenstellungen ein.

Ausreichendes Fachwissen und Weiterbildung Note 4

- → Sie verfügt über eine zufriedenstellende Sachkunde.
- → Herr Müller verfügt über Berufserfahrung.
- → Sie beherrschte die Fertigungsaufgaben zufriedenstellend.
- → Er hatte Kenntnisse in den Programmen Fotobearbeitung 7.4, Layoutstar 8 und Konzeptpräsentation R/12.
- → Sie hat Kenntnisse der englischen und französischen Sprache.
- → Er nutzte die Möglichkeiten, sein Fachwissen zu erweitern.
- → Aufgrund ihres Fachwissens hatte sie bei der Erledigung ihrer Aufgaben weder Schwierigkeiten noch Probleme.
- → Er ist kompetent.
- → Frau Schmidt konnte auf ihr Fachwissen zugreifen.
- → Aufgrund seiner Kenntnisse kam er mit den Aufgaben zurecht.
- → Sie verfügt über Fachwissen.
- → Aufgrund seiner Kenntnisse bewältigte er seine Aufgabe.

Mangelhaftes Fachwissen und Weiterbildung Note 5

- → Sie verfügt durchaus über eine noch auszubauende Sachkunde.
- → Herr Müller verfügt über noch zu erweiternde Berufserfahrung.

- → Sie kannte die Fertigungsaufgaben an der anspruchsvollen Maschine und beherrschte sie überwiegend zufriedenstellend.
- → Er hatte mit den Programmen Fotobearbeitung 7.4, Layoutstar 8 und Konzeptpräsentation R/12 kaum ernsthafte Schwierigkeiten.
- → Sie hat sich bemüht, Kenntnisse der englischen und französischen Sprache zu erlangen.
- → Er war bestrebt, sein ausbaufähiges Fachwissen zu erweitern.
- → Aufgrund ihres Fachwissens hatte sie bei der Erledigung der ihr angetragenen Aufgaben kaum Schwierigkeiten und Probleme.
- → Er ist nicht inkompetent.
- → Insgesamt konnte Frau Schmidt auf ihr Wissen zugreifen.
- → Aufgrund seiner Kenntnisse kam er im Großen und Ganzen durchaus mit den Aufgaben zurecht.
- → Sie nutzte die Möglichkeit, sich Wissen anzueignen.
- → Aufgrund seiner ausbaufähigen Kenntnisse bewältigte er den Arbeitsalltag

IT-Kenntnisse

Note 1

Sehr gute IT-Kenntnisse

- → Sein sehr gutes Fachwissen und sein ausgezeichnetes Know-how in Datenbanken befähigten ihn, Optimierungspotenziale konsequent zu identifizieren.
- → Den Umgang mit fachbezogener Software (Betriebs-, Steuerungs- und Auswertungsprogramme) beherrscht Frau Schmidt sehr sicher und effektiv.
- → Den Umgang mit den EDV-Anwendungen in seinem Arbeitsbereich (MS-Word, -Powerpoint, -Excel, Buchführung mit SAP R/3) beherrscht er souverän.
- → Hierbei kamen seine besonderen Kenntnisse in MS Visual Basic und Lotus Notes überaus effektiv zum Einsatz.
- → Die Anpassung der Datenbank und die Programmierung von Funktionen wurden von Herrn Schmidt ebenso betreut wie die Weiterentwicklung und Optimierung des ERP-Systems.

Gute IT-Kenntnisse Note 2

→ Sein gutes Fachwissen und sein Know-how in Datenbanken befähigten ihn, Optimierungspotenziale sicher zu identifizieren.
→ Den Umgang mit fachbezogener Software (Betriebs-, Steuerungs- und Auswertungsprogramme) beherrscht Frau Schmidt gut und effektiv.
→ Den Umgang mit den EDV-Anwendungen in seinem Arbeitsbereich (MS-Word, -Powerpoint, -Excel, Buchführung mit SAP R/3) beherrscht er gut.
→ Hierbei kamen seine Kenntnisse in MS Visual Basic und Lotus Notes effektiv zum Einsatz.
→ Die Anpassung der Datenbank wurde von Herrn Schmidt ebenso betreut wie die Weiterentwicklung des ERP-Systems.

Befriedigende IT-Kenntnisse Note 3

→ Sein Fachwissen und sein Know-how in Datenbanken befähigten ihn, Optimierungspotenziale zu erkennen.
→ Den Umgang mit fachbezogener Software (Betriebs-, Steuerungs- und Auswertungsprogramme) beherrscht Frau Schmidt.
→ Den Umgang mit den EDV-Anwendungen in seinem Arbeitsbereich (MS-Word, -Powerpoint, -Excel, Buchführung mit SAP R/3) beherrscht er.
→ Hierbei kamen seine Kenntnisse in MS Visual Basic und Lotus Notes zum Einsatz.
→ Die Anpassung der Datenbank wurde von Herrn Schmidt betreut.

Ausreichende IT-Kenntnisse Note 4

→ Sein Fachwissen und sein Know-how in Datenbanken befähigten ihn durchaus.
→ Den Umgang mit Software beherrscht Frau Schmidt.
→ Den Umgang mit den EDV-Anwendungen in seinem Arbeitsbereich (MS-Word, -Powerpoint, -Excel, Buchführung mit SAP R/3) kennt er.
→ Hierbei kamen seine Anstrengungen in MS Visual Basic und Lotus Notes zum Tragen.
→ Die Anpassung der Datenbank wurde meist von Herrn Schmidt betreut.

Note 5

Mangelhafte IT-Kenntnisse

→ Sein Fachwissen und sein bemühtes Know-how in Datenbanken befähigten ihn tadellos.
→ Insgesamt kennt Frau Schmidt durchaus den Umgang mit Software.
→ Er wusste um die Bedeutung des Umgangs mit den EDV-Anwendungen in seinem Arbeitsbereich.
→ Hierbei bemühte er sich, MS Visual Basic und Lotus Notes fehlerlos einzusetzen.
→ Die Anpassung der Datenbank wurde zufriedenstellend und ohne Beanstandungen von Herrn Schmidt betreut.

Sprachkenntnisse

Note 1

Sehr gute Sprachkenntnisse

→ Bei der Mitarbeit in europäischen Projekten setzte er seine verhandlungssicheren Englischkenntnisse regelmäßig sehr nutzbringend ein.
→ Zu erwähnen sind seine umfassenden Kenntnisse der englischen und spanischen Sprache. So übersetzte Herr Müller regelmäßig Verhandlungsprotokolle für uns.
→ Sie setzte ihre fundierten, umfangreichen und aktuellen Fachkenntnisse und auch ihre praxiserprobten Englischkenntnisse stets sehr erfolgreich bei der Bearbeitung ihrer internationalen Arbeitsaufgaben ein.
→ Im internationalen Umfeld unseres Unternehmens griff er jederzeit sicher auf seine fließenden Englischkenntnisse zurück.
→ Darüber hinaus verfügt Herr Schmidt über sehr gute Englischkenntnisse.

Note 2

Gute Sprachkenntnisse

→ Bei der Mitarbeit in europäischen Projekten setzte er seine guten Englischkenntnisse regelmäßig nutzbringend ein.
→ Zu erwähnen sind auch seine praxiserprobten Kenntnisse der englischen und spanischen Sprache.
→ Sie setzte ihre fundierten, umfangreichen und aktuellen Fachkenntnisse und auch ihre guten Englischkenntnisse erfolgreich bei der Bearbeitung ihrer internationalen Arbeitsaufgaben ein.

- → Im internationalen Umfeld unseres Unternehmens griff er sicher auf seine überzeugenden Englischkenntnisse zurück.
- → Darüber hinaus verfügt Herr Schmidt über gute Englischkenntnisse.

Befriedigende Sprachkenntnisse Note 3

- → Bei der Mitarbeit in europäischen Projekten setzte er seine Englischkenntnisse regelmäßig ein.
- → Zu erwähnen sind auch seine Kenntnisse der englischen und spanischen Sprache.
- → Sie setzte ihre fundierten und umfangreichen Fachkenntnisse und auch ihre Englischkenntnisse bei der Bearbeitung ihrer Arbeitsaufgaben ein.
- → Im internationalen Umfeld unseres Unternehmens griff er bei Bedarf auf seine Englischkenntnisse zurück.
- → Darüber hinaus verfügt Herr Schmidt über erprobte Englischkenntnisse.

Ausreichende Sprachkenntnisse Note 4

- → Bei der Mitarbeit konnte er auch seine Englischkenntnisse einsetzen.
- → Er hat auch ausbaufähige Kenntnisse der englischen und spanischen Sprache.
- → Sie setzte ihre Fachkenntnisse und durchaus auch ihre Englischkenntnisse ein.
- → Im internationalen Umfeld unseres Unternehmens sind Englischkenntnisse hilfreich.
- → Darüber hinaus kannte Herr Schmidt die Bedeutung von Englischkenntnissen.

Mangelhafte Sprachkenntnisse Note 5

- → Bei der Mitarbeit konnte er gelegentlich auch seine tadellosen Englischkenntnisse einsetzen.
- → Er bemühte sich um ausbaufähige Kenntnisse der englischen und spanischen Sprache.
- → Im Großen und Ganzen setzte sie ihre Fachkenntnisse und durchaus auch ihre nicht zu kritisierenden Englischkenntnisse ein.

- → Im internationalen Umfeld unseres Unternehmens sind Englischkenntnisse unverzichtbar.
- → Darüber hinaus zeigte Herr Schmidt, dass er um die Bedeutung von Englischkenntnissen wusste, was nicht zu beanstanden war.

Arbeitsweise

Note 1

Sehr gute Arbeitsweise

- → Ihr Arbeitsstil war jederzeit in höchstem Maße geprägt von Verantwortungsbewusstsein, Systematik und Effizienz.
- → Er war ein äußerst gewissenhafter und selbstständig arbeitender Mitarbeiter.
- → Sie hatte einen sicheren Blick für das Wichtige und Wesentliche und arbeitete stets konzentriert, planvoll und zuverlässig.
- → Herr Schmidt zeichnete sich stets durch einen äußerst sorgfältigen und sehr effizienten Arbeitsstil aus.
- → Frau Müller hat ihre Arbeiten stets in höchstem Maße sorgfältig, umsichtig und planvoll durchgeführt.
- → Herr Schmidt arbeitete stets äußerst fachmännisch, eigenständig und sauber und in jeder Hinsicht vorbildlich.
- → Sie arbeitete stets sehr gewissenhaft, zielstrebig und zügig.
- → Ihre Arbeitsweise war stets außerordentlich sorgfältig, präzise und zügig.
- → Herr Schmidt arbeitete stets zuverlässig und selbstständig und bearbeitete seine Aufgaben immer planvoll und systematisch.
- → Ihr Arbeitsstil war durchgehend gekennzeichnet durch eine sehr strukturierte und sorgfältige Vorgehensweise.
- → Frau Schmidt verfügte über sehr gute Organisationsfähigkeiten und arbeitete stets systematisch und zuverlässig.
- → Herr Schmidt arbeitete stets sehr präzise, planvoll und zügig.

Note 2

Gute Arbeitsweise

- → Ihr Arbeitsstil war jederzeit geprägt von Verantwortungsbewusstsein, Systematik und Effizienz.

- → Er war ein sehr gewissenhafter und selbstständig arbeitender Mitarbeiter.
- → Sie hatte einen sicheren Blick für das Wichtige und Wesentliche und arbeitete konzentriert, planvoll und zuverlässig.
- → Herr Schmidt zeichnete sich stets durch einen sorgfältigen und effizienten Arbeitsstil aus.
- → Frau Müller hat ihre Arbeiten stets sorgfältig, umsichtig und planvoll durchgeführt
- → Herr Schmidt arbeitete stets fachmännisch, eigenständig, konzentriert und sauber.
- → Sie arbeitete stets gewissenhaft, zielstrebig und zügig.
- → Ihre Arbeitsweise war stets sorgfältig, präzise und zügig.
- → Herr Schmidt arbeitete zuverlässig und selbstständig und bearbeitete seine Aufgaben planvoll und systematisch.
- → Ihr Arbeitsstil war gekennzeichnet durch eine sehr strukturierte und sorgfältige Vorgehensweise.
- → Frau Schmidt verfügte über gute Organisationsfähigkeiten und arbeitete systematisch und zuverlässig.
- → Herr Schmidt arbeitete stets präzise, planvoll und zügig.

Befriedigende Arbeitsweise Note 3

- → Ihr Arbeitsstil war geprägt von Verantwortungsbewusstsein, Systematik und Effizienz.
- → Er war ein gewissenhafter und selbstständig arbeitender Mitarbeiter.
- → Sie hatte einen Blick für das Wesentliche und arbeitete zuverlässig.
- → Herr Schmidt hatte einen sorgfältigen und effizienten Arbeitsstil.
- → Frau Müller hat ihre Arbeiten sorgfältig, umsichtig und planvoll durchgeführt.
- → Er arbeitete fachmännisch, eigenständig und sauber.
- → Sie arbeitete gewissenhaft, zielstrebig und zügig.
- → Ihre Arbeitsweise war sorgfältig.
- → Herr Schmidt bearbeitete seine Aufgaben planvoll.
- → Ihr Arbeitsstil war gekennzeichnet durch eine sorgfältige Vorgehensweise.
- → Frau Schmidt arbeitete systematisch und zuverlässig.
- → Herr Schmidt arbeitete präzise und zügig.

Note 4

Ausreichende Arbeitsweise

- → Ihr Arbeitsstil kann als verantwortungsbewusst und systematisch gekennzeichnet werden.
- → Er war durchaus ein gewissenhafter und selbstständig arbeitender Mitarbeiter.
- → Sie hatte Interesse für das Wesentliche und arbeitete zufriedenstellend.
- → Herr Schmidt zeigte einen korrekten Arbeitsstil.
- → Frau Müller hat ihre Arbeiten zufriedenstellend durchgeführt.
- → Herr Schmidt arbeitete ausreichend fachmännisch, eigenständig und sauber.
- → Sie arbeitete zufriedenstellend.
- → Ihre Arbeitsweise war zufriedenstellend.
- → Herr Schmidt bearbeitete seine Aufgaben sachlich sinnvoll.
- → Ihr Arbeitsstil war gekennzeichnet durch eine zufriedenstellende Vorgehensweise.
- → Frau Schmidt arbeitete zuverlässig.
- → Herr Schmidt arbeitete meist präzise und zügig.

Note 5

Mangelhafte Arbeitsweise

- → Ihr war bewusst, dass ein verantwortungsbewusster und systematischer Arbeitsstil nötig war.
- → Er wusste um die Notwendigkeit, gewissenhaft und selbstständig zu arbeiten.
- → Sie hatte Interesse und arbeitete im Großen und Ganzen zufriedenstellend.
- → Herr Schmidt bemühte sich um einen korrekten Arbeitsstil.
- → Frau Müller war stets darum bemüht, ihre Arbeiten zufriedenstellend durchzuführen.
- → Herr Schmidt arbeitete unter Aufsicht ausreichend fachmännisch, eigenständig und sauber.
- → Sie bemühte sich, zufriedenstellend zu arbeiten.
- → Ihre Arbeitsweise war ausreichend und nicht unsystematisch.
- → Herr Schmidt bearbeitete seine Aufgaben im Wesentlichen.
- → Ihr Arbeitsstil war gekennzeichnet durch ihr Interesse.
- → Frau Schmidt bemühte sich, zuverlässig zu arbeiten.
- → Herr Schmidt arbeitete im Großen und Ganzen weder unpräzise noch fehlerhaft.

Arbeitserfolg

Sehr guter Arbeitserfolg Note 1

→ Ihre Arbeitsergebnisse waren jederzeit von sehr guter Qualität.
→ Die beeindruckende Qualität seiner Arbeit lag stets weit über dem Durchschnitt seiner Abteilung.
→ Mit ihrer äußerst überzeugenden Arbeitsqualität zählte sie stets zu den allerbesten Mitarbeiterinnen in der Arbeitsgruppe.
→ Auch fachlich anspruchsvollste Arbeiten erledigte er stets, auch unter Zeitdruck, äußerst sorgfältig und einwandfrei.
→ Sie lieferte jederzeit eine weit überdurchschnittliche Arbeitsqualität.
→ Er realisierte für unsere Kunden stets optimale und kostengünstige Lösungen und überzeugte auch unter starkem Termindruck mit stets sehr guten Arbeitsergebnissen.
→ Durch sein vorbildlich ausgeprägtes Organisationstalent und Planungsgeschick erreichte er permanent optimalste Lösungen.
→ Die Qualität seiner täglichen Arbeit erfüllte durchgehend unsere sehr hohen Erwartungen.
→ Sowohl in qualitativer als auch in quantitativer Hinsicht erzielte sie immer herausragende Arbeitsergebnisse.
→ Er fand stets sehr effektive Lösungen, die wir gewinnbringend einsetzten.
→ Sie erzielte stets sehr gute Qualitätserfolge.
→ Herr Schmidt erreichte immer sehr gute Lösungen und Arbeitsergebnisse.

Guter Arbeitserfolg Note 2

→ Ihre Arbeitsergebnisse waren jederzeit von guter Qualität.
→ Die Qualität seiner Arbeit lag stets über dem Durchschnitt seiner Abteilung.
→ Mit ihrer Arbeitsqualität zählte sie stets zu den besten Mitarbeiterinnen in der Arbeitsgruppe.
→ Auch fachlich anspruchsvolle Arbeiten erledigte er stets sorgfältig und einwandfrei.
→ Sie lieferte jederzeit eine gute und überdurchschnittliche Arbeitsqualität.

- Er realisierte für unsere Kunden stets gute und kostengünstige Lösungen und überzeugte auch unter Termindruck mit stets guten Arbeitsergebnissen.
- Durch sein vorbildliches Organisationstalent und Planungsgeschick erreichte er permanent gute Lösungen.
- Die Qualität seiner täglichen Arbeit erfüllte unsere hohen Erwartungen.
- Sowohl in qualitativer als auch in quantitativer Hinsicht erzielte sie immer überzeugende Arbeitsergebnisse.
- Er fand sehr effektive Lösungen, die wir gewinnbringend einsetzten.
- Sie erzielte stets gute Qualitätserfolge.
- Herr Schmidt erreichte überzeugende Lösungen und gute Arbeitsergebnisse.

Note 3

Befriedigender Arbeitserfolg

- Ihre Arbeitsergebnisse waren von guter Qualität.
- Die Qualität seiner Arbeit entsprach stets dem Durchschnitt seiner Abteilung.
- Mit ihrer Arbeitsqualität zählte sie zu den besten Mitarbeiterinnen in der Arbeitsgruppe.
- Auch fachlich anspruchsvolle Arbeiten erledigte er gut.
- Sie lieferte eine voll befriedigende Arbeitsqualität.
- Er realisierte für unsere Kunden gute Lösungen und überzeugte auch unter Termindruck mit seinen Arbeitsergebnissen.
- Durch sein Organisationstalent und Planungsgeschick erreichte er voll befriedigende Lösungen.
- Die Qualität seiner täglichen Arbeit erfüllte unsere Erwartungen.
- Sowohl in qualitativer als auch in quantitativer Hinsicht erzielte sie immer zufriedenstellende Arbeitsergebnisse.
- Er fand Lösungen, die wir gewinnbringend einsetzten.
- Sie erzielte stets zufriedenstellende Qualitätserfolge.
- Herr Schmidt erreichte zufriedenstellende Lösungen.

Note 4

Ausreichender Arbeitserfolg

- Ihre Arbeitsergebnisse waren zufriedenstellend.
- Die Qualität seiner Arbeit entsprach fast immer dem Durchschnitt.

- → Mit ihrer zufriedenstellenden Arbeitsqualität konnte sie überzeugen.
- → Auch anspruchsvolle Arbeiten erledigte er zufriedenstellend.
- → Sie lieferte eine zufriedenstellende Arbeitsqualität, die oft dem Standard der Gruppe entsprach.
- → Er realisierte für unsere Kunden Lösungen und überzeugte mit seinen zufriedenstellenden Arbeitsergebnissen.
- → Durch sein Geschick erreichte er befriedigende Lösungen.
- → Die Qualität seiner Arbeit erfüllte seine Erwartungen.
- → Er erzielte immer ausreichende Arbeitsergebnisse.
- → Er fand Lösungen.
- → Sie erzielte stets ausreichende Qualitätserfolge.
- → Herr Schmidt erreichte Lösungen.

Mangelhafter Arbeitserfolg

Note 5

- → Ihre Arbeitsergebnisse waren insgesamt meist zufriedenstellend.
- → Die Qualität seiner Arbeit entsprach insgesamt im Großen und Ganzen dem Durchschnitt und war nicht zu kritisieren.
- → Mit ihrer mängelfreien und zufriedenstellenden Arbeitsqualität konnte sie meist überzeugen.
- → Er war stets bestrebt, auch anspruchsvolle Arbeiten zufriedenstellend zu erledigen.
- → Sie lieferte im Großen und Ganzen eine zufriedenstellende Arbeitsqualität, die nicht oft korrigiert oder überprüft werden musste.
- → Er entwarf für unsere Kunden Lösungen und überzeugte meist mit seinen zufriedenstellenden Arbeitsergebnissen, die nur ab und an kritisiert werden mussten.
- → Insgesamt erreichte er durch sein Geschick meist befriedigende Lösungen, die selten fehlerhaft waren.
- → Die Qualität seiner Arbeit entsprach seinen Erwartungen.
- → Er erzielte Arbeitsergebnisse.
- → Er fand Lösungen, die nicht zu beanstanden waren.
- → Sie erzielte durchaus Erfolge.
- → Herr Schmidt erreichte nicht zu kritisierende Lösungen.

Herausragende Erfolge

Besondere Erfolge sind das Sahnehäubchen in einem guten Arbeitszeugnis. Üblicherweise werden besonders herausragende Erfolge im Block der einzelnen Leistungsbeurteilungen nur bei einer sehr guten oder guten zusammenfassenden Leistungsbeurteilung aufgeführt. Die herausragenden Erfolge selbst werden nicht bewertet. Hier einige Beispiele:

- Hervorzuheben ist ihr persönlicher Einsatz, weit über normale Arbeitszeiten hinaus.
- Besonders hervorzuheben sind seine ausgeprägte Teamfähigkeit und sein fachübergreifendes, unternehmerisches Denken. Das erlaubte ihm, auch die komplexesten Aufgaben umfassend und zielgerichtet zu lösen.
- Hervorzuheben ist, dass Herr Müller für seine Software mit dem firmeninternen Preis des »Club of Excellence« prämiert wurde.
- Besonders hervorheben möchten wir, dass Frau Schmidt maßgeblich dazu beigetragen hat, eine Erfolgskontrolle zu initiieren. Erst durch diese Erfolgskontrolle ist es uns möglich geworden, unsere Werbemaßnahmen in Zeitungen und Zeitschriften zu bewerten.
- Bemerkenswert sind sein Vermögen und sein Wille, auch über die von ihm vertretenen Fachgebiete hinaus erfolgreiche Aktivitäten zu entwickeln. Das stellte Herr Schmidt in zahlreichen Verhandlungen mit Geschäftspartnern unter Beweis.
- Besonders erwähnen möchten wir auch ihre Flexibilität und Belastbarkeit, gerade bezüglich längerer Auslandseinsätze.
- Hervorzuheben ist seine vorbildliche Qualitäts- und Kundenorientierung.
- Besondere Verdienste erwarb sich Herr Müller mit der Konzeption und Realisierung der neuen Direktmarketing-Maßnahmen. Trotz der schwierigen Wettbewerbslage aufgrund des rückgängigen Marktvolumens hat er so maßgeblich zum Turnaround unserer wichtigsten Produktlinie beigetragen.
- Besonders hervorheben möchten wir die sehr gute Beratung und Vorbereitung von Marktforschungsprojekten: Frau Schmidt verstand es, die Institute optimal aufeinander abzustimmen und dadurch internationale Standards durchzusetzen.

→ Bleibende Verdienste erwarb sich Herr Müller mit seiner Optimierung technisch komplexer Prozessabläufe. Dadurch konnten die Projektlaufzeiten erheblich beschleunigt und die Produktionskosten massiv reduziert werden.
→ Hervorzuheben ist seine ausgeprägte Fähigkeit, Probleme wahrzunehmen, systematisch zu analysieren und praxisnahe Lösungen zu entwickeln.

Formulierungen für das Führungsverhalten

Das Führungsverhalten wird natürlich nicht in jedem Zeugnis bewertet - schließlich ist nicht jeder Arbeitnehmer gleichzeitig auch Führungskraft. Wenn man jedoch in dem Unternehmen eine Führungsposition innehatte, sollte man auch darauf bestehen, dass das mit in das Zeugnis einfließt. Bei den Formulierungen für das Führungsverhalten wird zwischen zwei Arten unterschieden: Einmal gibt es die rein formale Angabe zur Führungssituation ohne jegliche Beurteilung, zum Beispiel »Herr Müller hat als Projektleiter ein Team von sieben Mitarbeitern geleitet«. Und als zweite Art sollte eine Bewertung der Führungsleistung und des Führungserfolges im Zeugnis stehen, beispielsweise »Herr Müller hat es jederzeit verstanden, sein Team effizient und kollegial zu führen«. Hier finden sich dann auch Bewertungen nach dem bereits bekannten Notenprinzip von sehr guten bis zu mangelhaften Leistungen wieder. Beide Beurteilungsarten des Führungsverhaltens sind wichtig, und Sie sollten als Führungskraft darauf achten, dass Ihr Arbeitszeugnis auch beides enthält.

Führungssituation (rein formale Angaben ohne Bewertung)

→ Herr Schmidt war als Projektleiter für bis zu sieben internationale und interdisziplinär zusammengesetzte Projektteams gleichzeitig zuständig.
→ Frau Müller führte zuletzt 18 Mitarbeiter, die im Call-Center in den Bereichen Verkauf und Beratung eingesetzt waren.
→ Herr Schmidt hatte als Abteilungsleiter Führungs- und Personalverantwortung für 25 Mitarbeiter.
→ Frau Müller hatte als Marketingleiterin die Verantwortung für acht Produktmanager, vier Marketingmitarbeiter und zwei Marketingassistenten.

- → Das von Herrn Schmidt geführte Team umfasste sieben Mitarbeiter.
- → Frau Müller führte als Bereichsleiterin direkt fünf Abteilungsleiter und hatte indirekt Personalverantwortung für 32 Mitarbeiter.

Note 1

Sehr gute Führungsleistung und sehr guter Führungserfolg

- → Herr Schmidt erledigte die ihm übertragenen Aufgaben stets zu unserer vollsten Zufriedenheit.
- → Frau Schmidt bewältigte ihren Aufgabenbereich stets zu unserer vollsten Zufriedenheit.
- → Seinen Aufgabenbereich bewältigte Herr Schmidt engagiert, zuverlässig und zielstrebig stets zu unserer vollsten Zufriedenheit.
- → Herr Schmidt verstand es hervorragend, seine Mitarbeiter zu motivieren und ihre Zusammenarbeit aktiv zu unterstützen. In seiner Abteilung herrschte ein sehr gutes Leistungs- und Betriebsklima.
- → Frau Müller war ihren Mitarbeitern stets ein anerkanntes Vorbild. Sie verstand es jederzeit ausgezeichnet, ihr Team effizient und kollegial zu führen.
- → Herr Schmidt besitzt eine herausragende natürliche Autorität und war aufgrund seiner sehr guten organisatorischen Fähigkeiten bei der Führung von Arbeitsgruppen und Projektteams stets außerordentlich erfolgreich.

Note 2

Gute Führungsleistung und guter Führungserfolg

- → Herr Schmidt verstand es, seine Mitarbeiter gut zu motivieren und ihre Zusammenarbeit aktiv zu unterstützen. In seiner Abteilung herrschte ein gutes Leistungs- und Betriebsklima.
- → Frau Müller ist ihren Mitarbeitern stets mit gutem Beispiel vorangegangen. Sie verstand es jederzeit, ihr Team effizient und kollegial zu führen.
- → Herr Schmidt besitzt eine natürliche Autorität und war aufgrund seiner guten organisatorischen Fähigkeiten bei der Führung von Arbeitsgruppen und Projektteams stets erfolgreich.

Befriedigende Führungsleistung und befriedigender Führungserfolg Note 3

→ Herr Schmidt verstand es, seine Mitarbeiter zu motivieren und ihre Zusammenarbeit zu unterstützen. In seiner Abteilung herrschte ein gutes Betriebsklima.
→ Frau Müller ist ihren Mitarbeitern mit gutem Beispiel vorangegangen. Sie verstand es, ihr Team zu motivieren und kollegial zu führen.
→ Herr Schmidt besitzt Autorität und war aufgrund seiner organisatorischen Fähigkeiten bei der Führung von Arbeitsgruppen und Projektteams erfolgreich.

Ausreichende Führungsleistung und ausreichender Führungserfolg Note 4

→ Herr Schmidt verstand es durchaus, seine Mitarbeiter zu motivieren. In seiner Abteilung herrschte nicht selten ein gutes Betriebsklima.
→ Es gelang Frau Müller durchaus, ihren Mitarbeitern mit gutem Beispiel voranzugehen. Sie wurde von ihrem Team akzeptiert.
→ Herr Schmidt besitzt durchaus Autorität und war aufgrund seiner nicht zu beanstandenden organisatorischen Fähigkeiten bei der Führung von Arbeitsgruppen und Projektteams meist erfolgreich.

Mangelhafte Führungsleistung und mangelhafter Führungserfolg Note 5

→ Herr Schmidt hatte durchaus Verständnis dafür, Mitarbeiter zu motivieren. In seiner Abteilung gab es keine Beanstandungen, da das Betriebsklima nicht selten zufriedenstellend war.
→ Frau Müller wurde von ihren Mitarbeitern als tolerante Vorgesetzte akzeptiert.
→ Herr Schmidt besitzt durchaus nicht wenig Autorität und war aufgrund seiner nicht zu tadelnden organisatorischen Fähigkeiten bei der Führung von Arbeitsgruppen und Projektteams nicht selten erfolgreich.

Formulierungen für zusammenfassende Leistungsbeurteilungen

Die sogenannte zusammenfassende Leistungsbeurteilung schließt gewöhnlich den Block Leistungsbeurteilungen ab. Hierbei handelt es sich um einen Schlüsselsatz, der noch einmal zusammenfassend Auskunft über die Arbeitsleistung des beurteilten Arbeitnehmers gibt, etwa so: »Ihre Leistungen entsprachen stets unseren Erwartungen.« Mithilfe solcher Sätze können Personalverantwortliche auf den ersten Blick erkennen, wie zufrieden der vorherige Arbeitgeber mit diesem Mitarbeiter war. Deshalb sollten Sie natürlich darauf achten, dass diese Bewertung möglichst positiv ausfällt. Wichtig ist auch, dass sich die abschließende Note mit den vorherigen einzelnen Leistungsbeurteilungen deckt, denn stark abweichende Noten können beim professionellen Leser zu Irritationen und Missverständnissen führen, die dann meistens zu Ihren Ungunsten ausgelegt werden. Im Folgenden zeigen wir Ihnen typische zusammenfassende Leistungsbeurteilungen von den Noten sehr gut bis mangelhaft.

Note 1

Sehr gute zusammenfassende Leistungsbeurteilung

- → Herr Schmidt erledigte die ihm übertragenen Aufgaben stets zu unserer vollsten Zufriedenheit.
- → Frau Schmidt bewältigte ihren Aufgabenbereich stets zu unserer vollsten Zufriedenheit.
- → Seinen Aufgabenbereich bewältigte Herr Schmidt engagiert, zuverlässig und zielstrebig stets zu unserer vollsten Zufriedenheit.
- → Ihre Leistungen haben stets in allerbester Weise unseren Erwartungen entsprochen.
- → Die ihm übertragenen Aufgaben erledigte er stets zu unserer vollsten Zufriedenheit.
- → Ihre Leistungen waren stets sehr gut.
- → Mit seinen sehr guten Leistungen waren wir jederzeit vollstens zufrieden.
- → Ihre Aufgaben hat sie stets zu unserer höchsten Zufriedenheit erfüllt und unseren Anforderungen in jeder Hinsicht optimal entsprochen.
- → Seine Leistungen haben in jeder Hinsicht unsere absolute Anerkennung verdient.
- → Er hat seinen Verantwortungsbereich stets zu unserer vollsten Zufriedenheit geleitet und unseren Erwartungen in jeder Hinsicht optimal entsprochen.

Gute zusammenfassende Leistungsbeurteilung Note 2

→ Herr Schmidt erledigte die ihm übertragenen Aufgaben stets zu unserer vollen Zufriedenheit.
→ Frau Schmidt bewältigte ihren Aufgabenbereich stets zu unserer vollen Zufriedenheit.
→ Seinen Aufgabenbereich bewältigte Herr Schmidt engagiert, zuverlässig und zielstrebig stets zu unserer vollen Zufriedenheit.
→ Ihre Leistungen haben stets in bester Weise unseren Erwartungen entsprochen.
→ Die ihm übertragenen Aufgaben erledigte er stets zu unserer vollen Zufriedenheit.
→ Ihre Leistungen waren stets gut.
→ Mit seinen guten Leistungen waren wir jederzeit voll zufrieden.
→ Ihre Aufgaben hat sie stets zu unserer vollen Zufriedenheit erfüllt und unseren Anforderungen in jeder Hinsicht gut entsprochen.
→ Seine Leistungen haben in jeder Hinsicht unsere volle Anerkennung verdient.
→ Er hat seinen Verantwortungsbereich stets zu unserer vollen Zufriedenheit geleitet und unseren Erwartungen in jeder Hinsicht gut entsprochen.

Befriedigende zusammenfassende Leistungsbeurteilung Note 3

→ Herr Schmidt erledigte die ihm übertragenen Aufgaben zu unserer vollen Zufriedenheit.
→ Frau Schmidt bewältigte ihren Aufgabenbereich zu unserer vollen Zufriedenheit.
→ Seinen Aufgabenbereich bewältigte Herr Schmidt engagiert und zuverlässig zu unserer vollen Zufriedenheit.
→ Ihre Leistungen haben in jeder Hinsicht unseren Erwartungen entsprochen.
→ Die ihm übertragenen Aufgaben erledigte er zu unserer vollen Zufriedenheit.
→ Ihre Leistungen waren gut.
→ Seine Leistungen entsprechen unserer vollen Zufriedenheit.
→ Ihre Aufgaben hat sie zu unserer vollen Zufriedenheit erfüllt und unseren Anforderungen in jeder Hinsicht entsprochen.
→ Mit seinen Leistungen waren wir voll zufrieden.

→ Er hat seinen Verantwortungsbereich zu unserer vollen Zufriedenheit geleitet und unseren Erwartungen in jeder Hinsicht entsprochen.

Note 4

Ausreichende zusammenfassende Leistungsbeurteilung

→ Herr Schmidt erledigte die ihm übertragenen Aufgaben zu unserer Zufriedenheit.
→ Frau Schmidt bewältigte ihre Aufgaben zu unserer Zufriedenheit.
→ Seinen Aufgabenbereich bewältigte Herr Schmidt zuverlässig zu unserer Zufriedenheit.
→ Ihre Leistungen haben unseren Erwartungen entsprochen.
→ Die ihm übertragenen Aufgaben erledigte er zu unserer Zufriedenheit.
→ Ihre Leistungen waren zufriedenstellend.
→ Seine Leistungen entsprechen unserer Zufriedenheit.
→ Ihre Aufgaben hat sie zu unserer Zufriedenheit erfüllt und unseren Anforderungen entsprochen.
→ Mit seinen Leistungen waren wir zufrieden.
→ Er hat seinen Verantwortungsbereich zu unserer Zufriedenheit geleitet und unseren Erwartungen entsprochen.

Note 5

Mangelhafte zusammenfassende Leistungsbeurteilung

→ Insgesamt erledigte Herr Schmidt Aufgaben meist zu unserer Zufriedenheit.
→ Frau Schmidt bewältigte ihre Aufgaben zum großen Teil zu unserer Zufriedenheit.
→ Seinen Aufgabenbereich bewältigte Herr Schmidt durchaus ordnungsgemäß.
→ Ihre Leistungen haben im Großen und Ganzen unseren Erwartungen weitgehend entsprochen.
→ Die ihm übertragenen Aufgaben erledigte er insgesamt durchaus zu unserer Zufriedenheit.
→ Ihre Leistungen waren insgesamt weitgehend zufriedenstellend.
→ Seine Leistungen sind im Großen und Ganzen zufriedenstellend und sind nicht zu kritisieren.
→ Insgesamt hat sie ihre Aufgaben durchaus zu unserer Zufriedenheit wahrgenommen und größtenteils unseren Anforderungen entsprochen.
→ Mit seinen Anstrengungen waren wir häufig zufrieden.

→ Er hat seinen Verantwortungsbereich meist zu unserer Zufriedenheit geleitet und unseren Erwartungen größtenteils entsprochen.

Formulierungen für das Sozialverhalten

Das Sozialverhalten wird üblicherweise im vorletzten Absatz des Zeugnisses bewertet. Hier wird zwischen internem, externem und sonstigem Sozialverhalten unterschieden. Intern meint das Sozialverhalten gegenüber Vorgesetzten und Kollegen, es zeigt also, ob sich der beurteilte Mitarbeiter in die Unternehmenshierarchie einpassen konnte und ein geschätzter Kollege war oder ob er häufig Scherereien mit dem Chef hatte. Wichtig bei der Bewertung ist hier, dass die richtige Reihenfolge beibehalten wird, dass also zuerst die Vorgesetzten und dann erst die Kollegen genannt werden. Das externe Sozialverhalten bezieht sich auf Kunden und Geschäftspartner. Dieser Punkt wird von Personalprofis im Zeugnis besonders gründlich geprüft, da hier die Kundenorientierung beurteilt wird. Neben dem internen und dem externen Verhalten können in einigen Fällen auch noch eventuelle Besonderheiten im Sozialverhalten aufgeführt werden, beispielsweise gute Projektarbeit: »Er brachte sich stets äußerst konstruktiv in Projektgruppen ein«. Angaben zum sonstigen Sozialverhalten sind in Zeugnissen häufig nicht enthalten, das Fehlen ist allerdings auch kein Mangel.

Internes Sozialverhalten – Verhalten gegenüber Vorgesetzten und Kollegen

Sehr gutes internes Sozialverhalten Note 1

→ Ihr Verhalten gegenüber Vorgesetzten und Kollegen war stets vorbildlich.
→ Sein Verhalten gegenüber Vorgesetzten und Kollegen war stets einwandfrei.
→ Mit ihren Vorgesetzten und Kollegen ist sie stets sehr gut zurechtgekommen.
→ Aufgrund seiner kooperativen Haltung war er bei Vorgesetzten und Kollegen stets äußerst anerkannt und beliebt.
→ Ihre Kooperation mit Vorgesetzten und Kollegen war stets sehr gut.
→ Sein Verhalten gegenüber Vorgesetzten und Kollegen war jederzeit vorbildlich, konstruktiv und kooperativ.

→ Aufgrund seiner sachlichen Zusammenarbeit und seines kollegialen und kooperativen Wesens war er stets bei Vorgesetzten und Kollegen sehr geschätzt und äußerst anerkannt.

Note 2

Gutes internes Sozialverhalten

→ Ihr Verhalten gegenüber Vorgesetzten und Kollegen war stets gut.
→ Sein Verhalten gegenüber Vorgesetzten und Kollegen war einwandfrei.
→ Mit den Vorgesetzten und Kollegen ist sie stets gut zurechtgekommen.
→ Aufgrund seiner kooperativen Haltung war er stets bei Vorgesetzten und Kollegen anerkannt.
→ Ihre Kooperation mit Vorgesetzten und Kollegen war stets gut.
→ Sein Verhalten gegenüber Vorgesetzten und Kollegen war jederzeit gut.
→ Sein kollegiales und kooperatives Wesen sicherte ihm stets eine gute Zusammenarbeit mit Vorgesetzten und Kollegen.

Note 3

Befriedigendes internes Sozialverhalten

→ Ihr Verhalten gegenüber Vorgesetzten und Kollegen war stets befriedigend.
→ Sein Verhalten gegenüber Mitarbeitern, Vorgesetzten und Kollegen war einwandfrei.
→ Die Zusammenarbeit mit ihr war gut.
→ Er war aufgrund seines freundlichen Wesens bei seinen Vorgesetzten und Kollegen beliebt.
→ Ihre Kooperation mit Vorgesetzten und Kollegen war befriedigend.
→ Sein Verhalten gegenüber Kollegen und Vorgesetzten war jederzeit gut.
→ Wegen seiner zuvorkommenden Art war er bei seinen Vorgesetzten und Kollegen beliebt.

Note 4

Ausreichendes internes Sozialverhalten

→ Ihr Verhalten gegenüber Kollegen und Vorgesetzten war befriedigend.

- → Sein Verhalten gegenüber Mitarbeitern, Vorgesetzten und Kollegen war korrekt und akzeptabel.
- → Sie fügte sich in die Firma ein und war allenthalben gelitten.
- → Er war aufgrund seines freundlichen Wesens bei seinen Kollegen beliebt.
- → Aufgrund Ihres kooperativen Wesens war sie allseits anerkannt.
- → Sein Verhalten gegenüber Vorgesetzten war zufriedenstellend.
- → Wegen seiner zuvorkommenden Art war er bei seinen Kollegen und Vorgesetzten beliebt.

Mangelhaftes internes Sozialverhalten Note 5

- → Das Verhalten gegenüber Kollegen und Vorgesetzten war insgesamt einwandfrei.
- → Sein Verhalten gegenüber Mitarbeitern, Vorgesetzten und Kollegen war meist korrekt und akzeptabel.
- → Sie fügte sich in die Firma ein und war gelitten. Ihr Verhalten war insgesamt ohne Tadel.
- → Wir können zusammenfassend sagen, dass sein Verhalten gegenüber Mitarbeitern und Auszubildenden ohne Beanstandungen und ohne Tadel war.
- → Gegenüber den Mitarbeitern verhielt sie sich korrekt.
- → Das Verhalten gegenüber Vorgesetzten war meist ohne Tadel.
- → Das Benehmen gegenüber Kollegen war meist akzeptabel. Die Umgangsformen wirkten gut.

Externes Sozialverhalten – Verhalten gegenüber Kunden

Sehr gutes externes Sozialverhalten Note 1

- → Auch ihr Verhalten gegenüber unseren Kunden war jederzeit vorbildlich.
- → Auch unsere Kunden hat er stets sehr zuvorkommend und fachgerecht beraten.
- → Unseren Geschäftspartnern gegenüber trat sie jederzeit umsichtig und gewinnend auf. Das Unternehmen wurde von ihr stets vorbildlich repräsentiert.
- → Sein ausgeprägtes Kontaktvermögen und sein sehr gutes Verhandlungsgeschick führten stets zu einer sehr

erfolgreichen Zusammenarbeit mit unseren Geschäftspartnern.
→ Bei unseren Kunden war sie durch ihre positive Ausstrahlung und ihre sachliche Art stets sehr anerkannt.
→ Auch von unseren Kunden wurde er als Verhandlungspartner wegen seiner fachlichen Kompetenz und seiner fundierten Beratung jederzeit sehr geschätzt.
→ Besonders hervorzuheben ist ihr gewinnendes Auftreten gegenüber unseren Geschäftspartnern und Kunden. Sie besitzt ein ausgeprägtes Kontaktvermögen und überzeugt als fachlich und persönlich absolut kompetente Verhandlungspartnerin.

Note 2

Gutes externes Sozialverhalten

→ Auch ihr Verhalten gegenüber unseren Kunden war stets gut.
→ Auch unsere Kunden hat er stets zuvorkommend und fachgerecht beraten.
→ Unseren Geschäftspartnern gegenüber trat sie umsichtig und gewinnend auf. Das Unternehmen wurde von ihr gut repräsentiert.
→ Sein gutes Kontaktvermögen und Verhandlungsgeschick führten stets zu einer erfolgreichen Zusammenarbeit mit unseren Geschäftspartnern.
→ Auch im Umgang mit unseren Kunden kam sie stets gut zurecht.
→ Wegen seiner fachlichen Kompetenz und fundierten Beratung wurde er von unseren Kunden als Verhandlungspartner sehr geschätzt.
→ Besonders hervorzuheben ist ihr gutes Auftreten gegenüber unseren Geschäftspartnern und Kunden. Sie besitzt ein gutes Kontaktvermögen und überzeugt als fachlich und persönlich kompetente Verhandlungspartnerin.

Note 3

Befriedigendes externes Sozialverhalten

→ Auch ihr Verhalten gegenüber unseren Kunden war gut.
→ Auch unsere Kunden hat er zuvorkommend und fachgerecht beraten.
→ Von unseren Geschäftspartnern wurde sie geschätzt.

- → Er besitzt Kontaktvermögen und Verhandlungsgeschick, was zu einer erfolgreichen Zusammenarbeit mit unseren Geschäftspartnern führte.
- → Auch im Umgang mit unseren Kunden kam sie gut zurecht.
- → Wegen seiner fachlichen Kompetenz und fundierten Beratung wurde er von unseren Kunden als Verhandlungspartner geachtet.
- → Besonders hervorzuheben ist ihr Auftreten gegenüber unseren Geschäftspartnern und Kunden. Sie besitzt Kontaktvermögen und überzeugt als gute Verhandlungspartnerin.

Ausreichendes externes Sozialverhalten Note 4

- → Auch ihr Verhalten gegenüber unseren Kunden war nicht zu beanstanden.
- → Auch unsere Kunden hat er ohne Beanstandungen beraten.
- → Von unseren Geschäftspartnern wurde sie durchaus als Ansprechpartnerin geschätzt.
- → Er besitzt Kontaktvermögen, was zu einer zufriedenstellenden Zusammenarbeit mit unseren Geschäftspartnern führte.
- → Auch mit unseren Kunden ist sie ohne Beanstandungen zurechtgekommen.
- → Im Publikumsverkehr kam er zu unserer Zufriedenheit zurecht.
- → Gegenüber unseren Geschäftspartnern und Kunden hat sie die notwendige Freundlichkeit gezeigt.

Mangelhaftes externes Sozialverhalten Note 5

- → Auch ihr Verhalten gegenüber unseren Kunden war im Großen und Ganzen nicht zu beanstanden.
- → Auch unsere Kunden hat er willig beraten.
- → Wir bestätigen ihr gern, dass sie von unseren Geschäftspartnern durchaus als Ansprechpartnerin geschätzt wurde.
- → Er bemühte sich stets um die Anerkennung unserer Geschäftspartner.
- → Auch im Umgang mit unseren Kunden gibt es kaum etwas zu beanstanden.

- → Im Publikumsverkehr war er wegen seines höflichen Auftretens durchaus schnell beliebt.
- → Er bahnte auch zahlreiche Kontakte zu unseren Kunden an.

Sonstiges Sozialverhalten – Besonderheiten im Verhalten

Note 1

Sehr gutes sonstiges Sozialverhalten

- → Besonders hervorzuheben ist ihre Fähigkeit, stets konstruktiv und sachgerecht zu argumentieren, wobei ihr ihr ausgeprägtes Überzeugungs- und Durchsetzungsvermögen zugute kamen.
- → Er genoss als loyale und integre Persönlichkeit stets das absolute Vertrauen des Vorstandes.
- → Sie war eine absolut loyale Mitarbeiterin mit einer sehr guten Eignung für abteilungsübergreifende Projektarbeit.
- → Erwähnenswert sind seine exzellenten Umgangsformen, mit denen wir stets außerordentlich zufrieden waren.
- → Sie fügte sich jederzeit vorbildlich in die wechselnden Arbeitsgruppen ein und ist mit den Mitarbeitern aller Hierarchieebenen stets sehr gut zurechtgekommen.
- → Herr Schmidt stellte im Firmeninteresse persönliche Interessen jederzeit bereitwillig zurück.
- → Sie war stets in jeder Hinsicht absolut vertrauenswürdig und ehrlich.

Note 2

Gutes sonstiges Sozialverhalten

- → Hervorzuheben ist ihre Fähigkeit, stets konstruktiv und sachgerecht zu argumentieren, wobei ihr ihr gutes Überzeugungsvermögen zugute kam.
- → Er genoss als loyale Persönlichkeit stets das Vertrauen des Vorstandes.
- → Sie war eine absolut loyale Mitarbeiterin mit einer guten Eignung für abteilungsübergreifende Projektarbeit.
- → Mit seinen Umgangsformen waren wir stets voll zufrieden.
- → Sie fügte sich vorbildlich in die wechselnden Arbeitsgruppen ein und ist mit den Mitarbeitern aller Hierarchieebenen stets gut zurechtgekommen.
- → Die Interessen der Firma hatten für Herrn Schmidt jederzeit hohe Priorität.

- Sie war stets in jeder Hinsicht vertrauenswürdig und ehrlich.

Befriedigendes sonstiges Sozialverhalten Note 3

- Erwähnenswert ist ihre Fähigkeit, konstruktiv zu argumentieren, wobei ihr ihr Überzeugungsvermögen zugute kam.
- Er genoss als loyale Persönlichkeit das Vertrauen des Vorstandes.
- Sie war eine loyale Mitarbeiterin mit einer Eignung für abteilungsübergreifende Projektarbeit.
- Mit seinen Umgangsformen waren wir voll zufrieden.
- Sie fügte sich in die wechselnden Arbeitsgruppen ein und ist mit den Mitarbeitern aller Hierarchieebenen gut zurechtgekommen.
- Die Interessen der Firma hatten für Herrn Schmidt hohe Priorität.
- Sie war vertrauenswürdig und ehrlich.

Ausreichendes sonstiges Sozialverhalten Note 4

- Erwähnenswert ist auch ihr Überzeugungsvermögen.
- Seine Loyalität war nicht zu kritisieren.
- Sie war eine durchaus loyale Mitarbeiterin, die abteilungsübergreifende Projektarbeit akzeptierte.
- Seine Umgangsformen sind auch erwähnenswert.
- Frau Müller akzeptierte wechselnde Arbeitsgruppen und ist mit den Mitarbeitern aller Hierarchieebenen durchaus zurechtgekommen.
- Herr Schmidt erkannte, dass die Interessen der Firma Priorität hatten.
- Ihre Vertrauenswürdigkeit und Ehrlichkeit waren nicht zu kritisieren.

Mangelhaftes sonstiges Sozialverhalten Note 5

- Sie fiel wegen ihrer Pünktlichkeit auf.
- Er war stets bestrebt, loyal zu arbeiten, was nicht zu kritisieren ist.
- Sie war eine durchaus interessierte Mitarbeiterin, die abteilungsübergreifende Projektarbeit kannte.
- Mit seinen Umgangsformen waren wir im Großen und Ganzen zufrieden.

- → Sie fügte sich im Großen und Ganzen in wechselnde Arbeitsgruppen ein und war durchaus interessiert.
- → Herr Schmidt konnte nachvollziehen, dass die Interessen der Firma Priorität verdienen.
- → Bis zur Beendigung des Arbeitsverhältnisses waren wir stets von ihrer Vertrauenswürdigkeit und Ehrlichkeit überzeugt.

Schlussformulierungen

Ein überzeugender Schlussabsatz eines Arbeitszeugnisses sollte folgende drei Aspekte beinhalten: den Kündigungsgrund, eine Dankes-Bedauerns-Formel sowie Zukunftswünsche. Der Kündigungsgrund ist wichtig, damit keine Spekulationen über eine fristlose Kündigung aufkommen, denn wenn der tatsächliche Grund nicht genannt ist, wird ein Personalprofi das meistens zuungunsten des Beurteilten auslegen. Im Idealfall enthält das Zeugnis eine arbeitnehmerseitige Kündigung. Die Dankes-Bedauerns-Formel ist rechtlich nicht vorgeschrieben, sollte aber in einem guten Zeugnis auftauchen, da sie Respekt und Anerkennung des Arbeitgebers für die geleistete Arbeit ausdrückt. Gleiches gilt für Zukunftswünsche: Das Fehlen einer Formulierung wie »weiterhin viel Erfolg für die Zukunft« kann man durchaus als mangelnde Wertschätzung durch den Zeugnisaussteller interpretieren. Auch der Ausdruck »viel Glück« zeigt, dass man mit der Arbeit des Beurteilten nicht sehr zufrieden war. Im Folgenden zeigen wir Ihnen einige Beispiele für gelungene und misslungene Schlussformulierungen.

Kündigungsgründe

Arbeitnehmerseitige Kündigung mit Begründung

- → Frau Schmidt verlässt unser Unternehmen zum (Tag.Monat.Jahr) auf eigenen Wunsch.
- → Herr Schmidt scheidet zum (Tag.Monat.Jahr) auf eigenen Wunsch aus unserem Unternehmen aus, was wir sehr bedauern.
- → Frau Schmidt verlässt uns auf eigenen Wunsch zum (Tag.Monat.Jahr).
- → Frau Schmidt verlässt unser Unternehmen mit dem (Tag.Monat.Jahr) auf eigenen Wunsch.

- → Auf eigenen Wunsch scheidet Herr Schmidt zum (Tag. Monat.Jahr) aus unserem Unternehmen aus.
- → Frau Schmidt verlässt die (Firmenbezeichnung) zum (Tag.Monat.Jahr) auf eigenen Wunsch.
- → Herr Schmidt verlässt uns auf eigenen Wunsch.
- → Frau Schmidt verlässt unseren Betrieb auf eigenen Wunsch.
- → Herr Schmidt verlässt unser Unternehmen auf eigenen Wunsch mit dem heutigen Tag. (Anmerkung der Autoren: Hier sollte das Ausstellungsdatum des Arbeitszeugnisses dem Datum über das Ende des Arbeitsverhältnisses entsprechen. Liegt das Ausstellungsdatum davor, kann eine fristlose Kündigung vermutet werden.)
- → Herr Schmidt scheidet mit dem heutigen Tag auf eigenen Wunsch aus unserem Unternehmen aus.
- → Er verlässt uns auf eigenen Wunsch, um sich beruflich zu verändern.
- → Sie verlässt uns auf eigenen Wunsch, um in einem anderen Unternehmen eine verantwortungsvollere Tätigkeit zu übernehmen.
- → Er hat das Angebot angenommen, in einem anderen Unternehmen eine Leitungsaufgabe zu übernehmen, und verlässt uns daher auf eigenen Wunsch.
- → Sie verlässt uns auf eigenen Wunsch, um ein Studium aufzunehmen.

Arbeitgeberseitige Kündigung (betriebsbedingt)

- → Aufgrund von Umstrukturierungen innerhalb der Unternehmensgruppe mussten wir leider das Arbeitsverhältnis aus betrieblichen Gründen zum (Tag.Monat.Jahr) beenden, was wir sehr bedauern.
- → Aufgrund von Umstrukturierungen innerhalb der Unternehmensgruppe und damit verbundenem Personalabbau mussten wir leider das Arbeitsverhältnis aus betrieblichen Gründen zum (Tag.Monat.Jahr) beenden.
- → Leider mussten wir das Arbeitsverhältnis mit Herrn Schmidt aus betriebsbedingten Gründen zum (Tag.Monat.Jahr) beenden.
- → Wir bedauern sehr, dass das Arbeitsverhältnis von Frau Schmidt aus betrieblichen Gründen endet.
- → Wegen der Umstrukturierung des Bereiches IT-Dienst-

leistungen mussten wir das Arbeitsverhältnis mit Frau Schmidt leider betriebsbedingt beenden.
- → Das Arbeitsverhältnis endete betriebsbedingt, da die Saison zu Ende ist.
- → Zu unserem großen Bedauern konnten wir Herrn Müller nach einer Restrukturierung im Anschluss an die Firmenübernahme keinen neuen Arbeitsplatz mehr anbieten. Daher endete das Arbeitsverhältnis mit ihm betriebsbedingt zum 31.01.2019.

Arbeitgeberseitige Kündigung (fristlos)

- → Mit dem 19.12.2019 [nicht Monatsende!] endet das Arbeitsverhältnis.
- → Das Arbeitsverhältnis endete aus besonderen Gründen zum 19.12.2019.
- → Wir trennten uns am 19.12.2019.
- → Wir sahen uns gezwungen, das Arbeitsverhältnis zum 19.12.2019 aufzulösen.

Ablauf eines befristeten Arbeitsverhältnisses

- → Mit Ablauf der vereinbarten Zeit endete das Arbeitsverhältnis. Zu unserem großen Bedauern können wir Frau Schmidt betriebsbedingt derzeit kein festes Arbeitsverhältnis anbieten.
- → Das befristete Arbeitsverhältnis endete zum 31.01.2019, da die vertretene Mitarbeiterin ihren Erziehungsurlaub beendet hat und nun wieder ihren Arbeitsplatz einnimmt.
- → Auf Wunsch von Herrn Müller endet das befristete Arbeitsverhältnis mit dem heutigen Tag, obwohl wir die Zusammenarbeit gerne unbefristet fortgesetzt hätten.
- → Das befristete Arbeitsverhältnis endete mit Ablauf der festgelegten Dauer, da die Wintersaison zu Ende ist.

Dankes-Bedauerns-Formeln

Note 1 *Sehr gute Dankes-Bedauerns-Formeln*

- → Wir danken Frau Schmidt für ihre stets sehr guten Leistungen und bedauern ihr Ausscheiden sehr.

- → Mit dem Weggang von Herrn Müller verlieren wir einen stets engagierten Leistungsträger, was wir sehr bedauern.
- → Wir danken Frau Schmidt für ihre außergewöhnlichen Leistungen und ihr stets engagiertes Wirken und bedauern ihr Ausscheiden außerordentlich.
- → Wir danken ihm für die hervorragende Zusammenarbeit und bedauern außerordentlich, ihn zu verlieren.
- → Für die langjährige Verbundenheit zu unserem Institut und die äußerst fruchtbare Zusammenarbeit sind wir Frau Schmidt zu Dank verpflichtet. Wir bedauern es zutiefst, diese sehr gute Mitarbeiterin zu verlieren.
- → Es ist uns ein besonderes Anliegen, Herrn Müller für seine stets sehr hohen Leistungen zu danken. Wir verlieren mit ihm einen außergewöhnlich tüchtigen und schwerlich zu ersetzenden Mitarbeiter, was wir aufrichtig bedauern.
- → Für ihr Engagement und ihre stets überzeugenden Leistungen danken wir ihr sehr. Frau Schmidt ist uns für weitere Praktika jederzeit herzlichst willkommen.

Gute Dankes-Bedauerns-Formeln Note 2

- → Wir danken Frau Schmidt für ihre stets guten Leistungen und bedauern ihr Ausscheiden sehr.
- → Mit dem Weggang von Herrn Müller verlieren wir einen stets guten Leistungsträger, was wir sehr bedauern.
- → Wir danken Frau Schmidt für ihre jederzeit guten Leistungen und ihr stets engagiertes Wirken und bedauern ihr Ausscheiden sehr.
- → Wir danken ihm für die immer gute Zusammenarbeit und bedauern außerordentlich, ihn zu verlieren.
- → Für die langjährige Verbundenheit zu unserem Institut und die jederzeit gute Zusammenarbeit sind wir Frau Schmidt zu Dank verpflichtet. Wir bedauern es sehr, diese gute Mitarbeiterin zu verlieren.
- → Es ist uns ein Anliegen, Herrn Müller für seine stets guten Leistungen zu danken. Wir verlieren mit ihm einen außergewöhnlich tüchtigen Mitarbeiter, was wir bedauern.
- → Für ihr Engagement und ihre stets guten Leistungen danken wir ihr sehr. Frau Schmidt ist uns für weitere Praktika jederzeit willkommen.

Note 3

Befriedigende Dankes-Bedauerns-Formeln

→ Wir danken Frau Schmidt für ihre Leistungen und bedauern ihr Ausscheiden.
→ Mit dem Weggang von Herrn Müller verlieren wir einen guten Leistungsträger, was wir bedauern.
→ Wir danken Frau Schmidt für ihre guten Leistungen und ihr engagiertes Wirken und bedauern ihr Ausscheiden.
→ Wir danken ihm für die gute Zusammenarbeit und bedauern, ihn zu verlieren.
→ Für die langjährige Verbundenheit zu unserem Institut und die gute Zusammenarbeit sind wir Frau Schmidt zu Dank verpflichtet. Wir bedauern es, diese Mitarbeiterin zu verlieren.
→ Es ist uns ein Anliegen, Herrn Müller für seine guten Leistungen zu danken. Wir verlieren mit ihm einen tüchtigen Mitarbeiter, was wir bedauern.
→ Für ihr Engagement und ihre zufriedenstellenden Leistungen danken wir ihr. Frau Schmidt ist uns für weitere Praktika willkommen.

Note 4

Ausreichende Dankes-Bedauerns-Formeln

→ Wir bedanken uns bei Frau Schmidt.
→ Mit dem Weggang von Herrn Müller verlieren wir durchaus einen Leistungsträger.
→ Wir danken Frau Schmidt für ihre Leistungen.
→ Wir danken ihm für die Zusammenarbeit.
→ Für die Verbundenheit zu unserem Institut und die Zusammenarbeit sind wir Frau Schmidt zu Dank verpflichtet.
→ Es ist uns ein Anliegen, Herrn Müller für seine Leistungen zu danken. Wir verlieren mit ihm einen Mitarbeiter, was wir bedauern.
→ Für ihr Engagement im Praktikum danken wir ihr.

Note 5

Mangelhafte Dankes-Bedauerns-Formeln

→ Für ihr stetes Bestreben nach einer guten Leistung bedanken wir uns.
→ Mit dem Weggang von Herrn Müller verlieren wir einen im Großen und Ganzen interessierten Leistungsträger, was wir bedauern.
→ Wir danken Frau Schmidt für ihr Interesse an den Aufgaben.

- → Insgesamt danken wir ihm für die nicht zu tadelnde Zusammenarbeit.
- → Für die Verbundenheit zu unserem Institut sind wir Frau Schmidt im Großen und Ganzen zu Dank verpflichtet.
- → Es ist uns ein Anliegen, Herrn Müller für sein Interesse zu danken. Wir verlieren mit ihm einen nicht zu kritisierenden Mitarbeiter.
- → Es erübrigt sich zu sagen, dass wir ihr für ihr Engagement im Praktikum zu Dank verpflichtet sind.

Zukunftswünsche

Sehr gute Zukunftswünsche Note 1

- → Wir wünschen Frau Schmidt für ihren weiteren Berufs- und Lebensweg alles Gute und weiterhin viel Erfolg.
- → Wir wünschen diesem exzellenten Mitarbeiter auf seinem weiteren Berufs- und Lebensweg alles Gute und weiterhin so viel Erfolg.
- → Wir wünschen diesem engagierten, fleißigen und allseits anerkannten Mitarbeiter für den weiteren Berufs- und Lebensweg in jeder Hinsicht alles Gute und weiterhin den Erfolg des Tüchtigen.
- → Wir wünschen dieser vorbildlichen Mitarbeiterin beruflich und persönlich alles Gute und weiterhin so viel Erfolg.
- → Wir wünschen Herrn Müller, der sich bei uns als Industriemeister außerordentliche Verdienste erworben hat und stets zu den Besten gehörte, beruflich und persönlich alles Gute und weiterhin Erfolg.
- → Für ihre berufliche Zukunft und ihr persönliches Wohlergehen wünschen wir Frau Schmidt, die bei uns stets außerordentlich engagiert war, alles Gute und weiterhin viel Erfolg.
- → Wir wünschen ihm im Studium weiterhin so viel außerordentlichen Erfolg und für seinen weiteren Berufs- und Lebensweg alles Gute. Nach Abschluss des Studiums würden wir es begrüßen, wenn er sich bei uns bewerben würde.

Note 2

Gute Zukunftswünsche

→ Wir wünschen Frau Schmidt für ihren weiteren Berufs- und Lebensweg alles Gute und weiterhin Erfolg.
→ Wir wünschen diesem guten Mitarbeiter auf seinem weiteren Berufs- und Lebensweg alles Gute und weiterhin Erfolg.
→ Wir wünschen diesem engagierten und fleißigen Mitarbeiter für den weiteren Berufs- und Lebensweg alles Gute und weiterhin viel Erfolg.
→ Wir wünschen dieser guten Mitarbeiterin beruflich und persönlich alles Gute und weiterhin viel Erfolg.
→ Wir wünschen Herrn Müller, der zu unseren besten Industriemeistern gehörte, beruflich und persönlich alles Gute und weiterhin Erfolg.
→ Für ihre berufliche Zukunft und ihr persönliches Wohlergehen wünschen wir Frau Schmidt alles Gute und weiterhin viel Erfolg.
→ Wir wünschen ihm im Studium viel Erfolg und für seinen weiteren Berufs- und Lebensweg alles Gute.

Note 3

Befriedigende Zukunftswünsche

→ Wir wünschen Frau Schmidt für ihre weitere Arbeit alles Gute.
→ Wir wünschen diesem Mitarbeiter für seine weitere Arbeit alles Gute.
→ Wir wünschen diesem engagierten Mitarbeiter für die Zukunft alles Gute.
→ Wir wünschen ihr für ihre nächste Tätigkeit alles Gute.
→ Wir wünschen Herrn Müller, der zu unseren guten Mitarbeitern zählte, für die berufliche Zukunft alles Gute.
→ Für ihre berufliche Zukunft wünschen wir Frau Schmidt alles Gute.
→ Wir wünschen ihm für Studium und berufliche Zukunft alles Gute.

Note 4

Ausreichende Zukunftswünsche

→ Wir wünschen Frau Schmidt alles Gute.
→ Wir wünschen diesem Mitarbeiter alles Gute.
→ Wir wünschen diesem durchaus engagierten Mitarbeiter alles Gute.
→ Wir wünschen ihr alles Gute.

→ Wir wünschen Herrn Müller, der durchaus zu unseren guten Mitarbeitern zählte, alles Gutes.
→ Für die Zukunft wünschen wir alles Gute.
→ Wir wünschen ihm, dass er sein Studium abschließt und alles Gute.

Mangelhafte Zukunftswünsche Note 5

→ Wir wünschen Frau Schmidt für ihre Zukunft außerhalb unseres Unternehmens alles Gute und künftig auch Erfolg.
→ Wir wünschen diesem Mitarbeiter viel Glück.
→ Wir wünschen diesem durchaus engagierten Mitarbeiter auch künftig Fortune.
→ Wir wünschen viel Glück.
→ Wir wünschen Herrn Müller, der durchaus zu unseren guten Mitarbeitern zählte, auch bei seinem nächsten Arbeitgeber Erfolg bei den weiteren Bemühungen.
→ Für die Zukunft wünschen wir Glück und künftig auch Erfolg.
→ Wir wünschen ihm, dass er sein Studium abschließt und zukünftig in der Arbeitswelt Erfolg haben wird.

Spezielle Formulierungen für Zwischenzeugnisse

Zwischenzeugnisse sind eine Sonderform des Arbeitszeugnisses, die während des noch laufenden Arbeitsverhältnisses ausgestellt werden (mehr dazu finden Sie auch im Kapitel »Zwischenzeugnisse - Sonderfall für Halbzeitbeurteilungen«). Vom Aufbau her sind sie dem Arbeitszeugnis jedoch sehr ähnlich. Im Folgenden möchten wir auf einige kleinere Unterschiede bei der Einleitung und bei den Schlussformulierungen eingehen. Hierbei ist zu beachten, dass die Verben im Präsens stehen und die Schlussformulierungen zwar Dank und Zukunftswünsche beinhalten, aber kein Bedauern über das Ausscheiden, da der Mitarbeiter ja weiterhin für die Firma arbeitet. Außerdem sollten Sie unbedingt darauf achten, dass der Grund für die Ausstellung des Zwischenzeugnisses genannt wird, denn sonst kommen Personalverantwortliche ins Grübeln und legen dieses Fehlen eventuell zu Ihrem Nachteil aus.

Einleitungen

- → Herr Sven Schmidt, geboren am 11. September 1986 in Rendsburg, ist seit dem 01. April 2012 bei uns als Betriebstechniker tätig.
- → Frau Hanne Müller, geboren am 22. Oktober 1976 in Konstanz, trat am 01. Oktober 2014 als Vertriebsmitarbeiterin in unser Unternehmen ein.
- → Herr Christian Nieboer, geboren am 10. Juli 1989 in Jena, ist seit dem 01. April 2013 bei uns als Trainee und seit dem 01. April 2015 als Filialleiter der Filiale Braunschweig-Nord tätig.
- → Herr Klaus Lorenz, geboren am 12. August 1965 in Hannover, ist seit dem 1. Januar 2015 bei uns als Kfz-Mechaniker im Rahmen eines befristeten Arbeitsverhältnisses tätig.
- → Frau Nicola Breiholz, geboren am 2. Februar 1980 in Bremen, ist seit dem 1. Juli 2018 bei uns als Teilzeitmitarbeiterin im Umfang von 20 Stunden wöchentlich tätig.

Gründe für Zwischenzeugnisse

- → Er übernimmt mit Wirkung zum 1. Januar 2020 aufgrund seiner erfolgreichen internen Bewerbung die Aufgabe des Produktmanagers Haushaltsgeräte. Dieses Zeugnis wird ihm anlässlich seiner Beförderung unaufgefordert ausgestellt.
- → Er bat um dieses Zwischenzeugnis, da sein langjähriger Vorgesetzter aus unserem Unternehmen ausscheidet.
- → Anlässlich der Versetzung des Vorgesetzten wird dieses Zwischenzeugnis unaufgefordert ausgestellt.
- → Dieses Zwischenzeugnis wird aufgrund des Beginns des Erziehungsurlaubes unaufgefordert ausgestellt.
- → Wir stellen dieses Zwischenzeugnis auf Wunsch von Frau Müller aus, da ihre Position aufgrund einer Restrukturierung des Unternehmens mit Wirkung zum 1. September 2019 einer anderen Abteilung zugeordnet wurde.
- → Er erhält unaufgefordert dieses Zwischenzeugnis, da das befristete Arbeitsverhältnis zum 30. September 2019 enden wird.
- → Sie erbat dieses Zwischenzeugnis, da in unserem Unternehmen seit längerer Zeit Kurzarbeit geleistet wird.

Dankes-Formeln im Zwischenzeugnis

Sehr gute Dankes-Formeln Note 1

→ Wir danken Herrn Schmidt für seine stets sehr gute Mitarbeit.
→ Wir danken Frau Müller für ihre stets sehr guten Leistungen.
→ Es ist uns ein besonderes Anliegen, Herrn Schmidt für seine stets sehr hohen Leistungen zu danken.

Gute Dankes-Formeln Note 2

→ Wir danken Herrn Schmidt für seine stets gute Mitarbeit.
→ Wir danken Frau Müller für ihre stets guten Leistungen.
→ Es ist uns ein Anliegen, Herrn Schmidt für seine stets guten Leistungen zu danken.

Befriedigende Dankes-Formeln Note 3

→ Wir danken Herrn Schmidt für seine gute Mitarbeit.
→ Wir danken Frau Müller für ihre guten Leistungen.
→ Es ist uns ein Anliegen, Herrn Schmidt für seine guten Leistungen zu danken.

Ausreichende Dankes-Formeln Note 4

→ Wir danken Herrn Schmidt für seine Mitarbeit.
→ Wir danken Frau Müller für ihre Leistungen.
→ Es ist uns ein Anliegen, Herrn Schmidt für seine Leistungen zu danken.

Mangelhafte Dankes-Formeln Note 5

→ Wir danken Herrn Schmidt für sein Interesse.
→ Wir danken Frau Müller für ihre nicht zu kritisierenden Leistungen.
→ Es ist uns ein Anliegen, Herrn Schmidt für sein Interesse zu danken.

Zukunftswünsche im Zwischenzeugnis

Note 1

Sehr gute Zukunftswünsche

→ Wir wünschen dieser vorbildlichen Mitarbeiterin beruflich und persönlich alles Gute und weiterhin so viel Erfolg.
→ Für seine berufliche Zukunft und sein persönliches Wohlergehen wünschen wir Herrn Müller, der bei uns stets außerordentlich engagiert ist, alles Gute und weiterhin viel Erfolg.
→ [Direkt im Anschluss an die Dankes-Formel] ... und freuen uns auf eine weiterhin außerordentlich produktive und kooperative Zusammenarbeit.

Note 2

Gute Zukunftswünsche

→ Wir wünschen dieser guten Mitarbeiterin beruflich und persönlich alles Gute und weiterhin viel Erfolg.
→ Für seine berufliche Zukunft und sein persönliches Wohlergehen wünschen wir Herrn Müller alles Gute und weiterhin viel Erfolg.
→ [Direkt im Anschluss an die Dankes-Formel] ... und freuen uns auf eine weiterhin produktive und kooperative Zusammenarbeit.

Note 3

Befriedigende Zukunftswünsche

→ Wir wünschen dieser engagierten Mitarbeiterin für die Zukunft alles Gute.
→ Für seine Zukunft wünschen wir Herrn Müller alles Gute.
→ [Direkt im Anschluss an die Dankes-Formel] ... und freuen uns auf eine weiterhin gute Zusammenarbeit.

Note 4

Ausreichende Zukunftswünsche

→ Wir wünschen ihr alles Gute.
→ Für die Zukunft wünschen wir alles Gute.
→ [Direkt im Anschluss an die Dankes-Formel] ... und freuen uns auf die Zusammenarbeit.

Mangelhafte Zukunftswünsche Note 5

→ Wir wünschen viel Glück.
→ Für die Zukunft wünschen wir Glück, und künftig auch Erfolg.
→ [Direkt im Anschluss an die Dankes-Formel] ... und wünschen uns künftig eine gute Zusammenarbeit.

Mehr Erfolg durch aussagekräftige Zeugnisse

Ihr Crashkurs in Sachen Arbeitszeugnis liegt nun hinter Ihnen. Sie wissen jetzt, wie Sie Missverständnisse und kritische Bemerkungen in Ihrem Arbeitszeugnis erkennen können, welche Formulierungen besser geeignet sind, wie Sie Änderungswünsche gegenüber Ihren Vorgesetzten taktisch durchsetzen und worauf Sie achten müssen, wenn Sie sich Ihr Zeugnis selbst schreiben.

Arbeitszeugnisse sind ein wichtiger Erfolgsfaktor

Wie bereits zu Beginn dieses Ratgebers erwähnt, spielen Arbeitszeugnisse in der heutigen Zeit eine immer wichtigere Rolle. Neben Anschreiben und Lebensläufen können sie im Bewerbungserfahren den Ausschlag zu Ihren Gunsten oder auch Ungunsten geben. Daher sollten Sie darauf achten, dass Ihre Arbeitszeugnisse durchgängig gut und unmissverständlich verfasst sind. Anhand der zahlreichen Zeugnisbeispiele, Tipps, Checklisten und Formulierungen haben Sie nun genügend Hilfen, um selbst ein überzeugendes Zeugnis zu verfassen oder erhaltene Zeugnisse nachzubessern.

Mit einer aussagekräftigen Aufgabenbeschreibung überzeugen

Sie haben gesehen, welche wichtige Rolle der Aufgabenbeschreibung im Arbeitszeugnis zukommt. Um sich für neue Arbeitgeber interessant zu machen, ist es äußerst wichtig, dass Sie die eigenen speziellen Erfahrungen aus Ihren verschiedenen beruflichen Stationen gut und aussagekräftig dokumentieren können. Daher haben wir Ihnen in diesem Ratgeber nicht nur erläutert, wie gute Zeugnisbewertungen auszusehen haben, sondern Ihnen auch gezeigt, welche Bedeutung eine aussagekräftige Aufgabenbeschreibung hat.

Machen Sie selbst Verbesserungsvorschläge

Oft werden Arbeitszeugnisse unabsichtlich missverständlich oder fehlerhaft verfasst. So mancher unerfahrene Personalverantwortliche eines mittelständischen Unternehmens oder auch Geschäftsführer einer kleinen Firma ist mit den Anforderungen an korrekte Arbeitszeugnisse überfordert. Wenn Sie dann konstruktive Veränderungsvorschläge machen können, wird man Ihnen sogar dankbar sein. Es gibt natürlich auch bewusste Abwertungen in Zeugnissen, aber auch in diesen Fällen hilft es meist, wenn Sie alternative Formulierungen vorschlagen und Ihre Änderungswünsche hieb- und stichfest begründen können.

Weitere aktuelle Informationen rund um die Themen Arbeitszeugnisse, Bewerbung und Vorstellungsstellungsgespräch finden Sie unter www.karriereakademie.de. Nutzen Sie unser rund 25-jähriges Praxiswissen und profitieren Sie von unserem Erfahrungsschatz aus der Analyse von über 6 000 Zeugnissen.

Wir wünschen Ihnen viel Erfolg bei der Optimierung Ihrer Arbeitszeugnisse!

Christian Püttjer & Uwe Schnierda

Sie möchten mehr darüber erfahren, welche Formulierungen in Zeugnissen sinnvoll sind? Dabei hilft Ihnen der Püttjer & Schnierda-Karriereblog:

www.karriereakademie.de/arbeitszeugnisse

Register

A

B

J

K

L

M

N

P

Q

R

S

T

U

V

W

Z